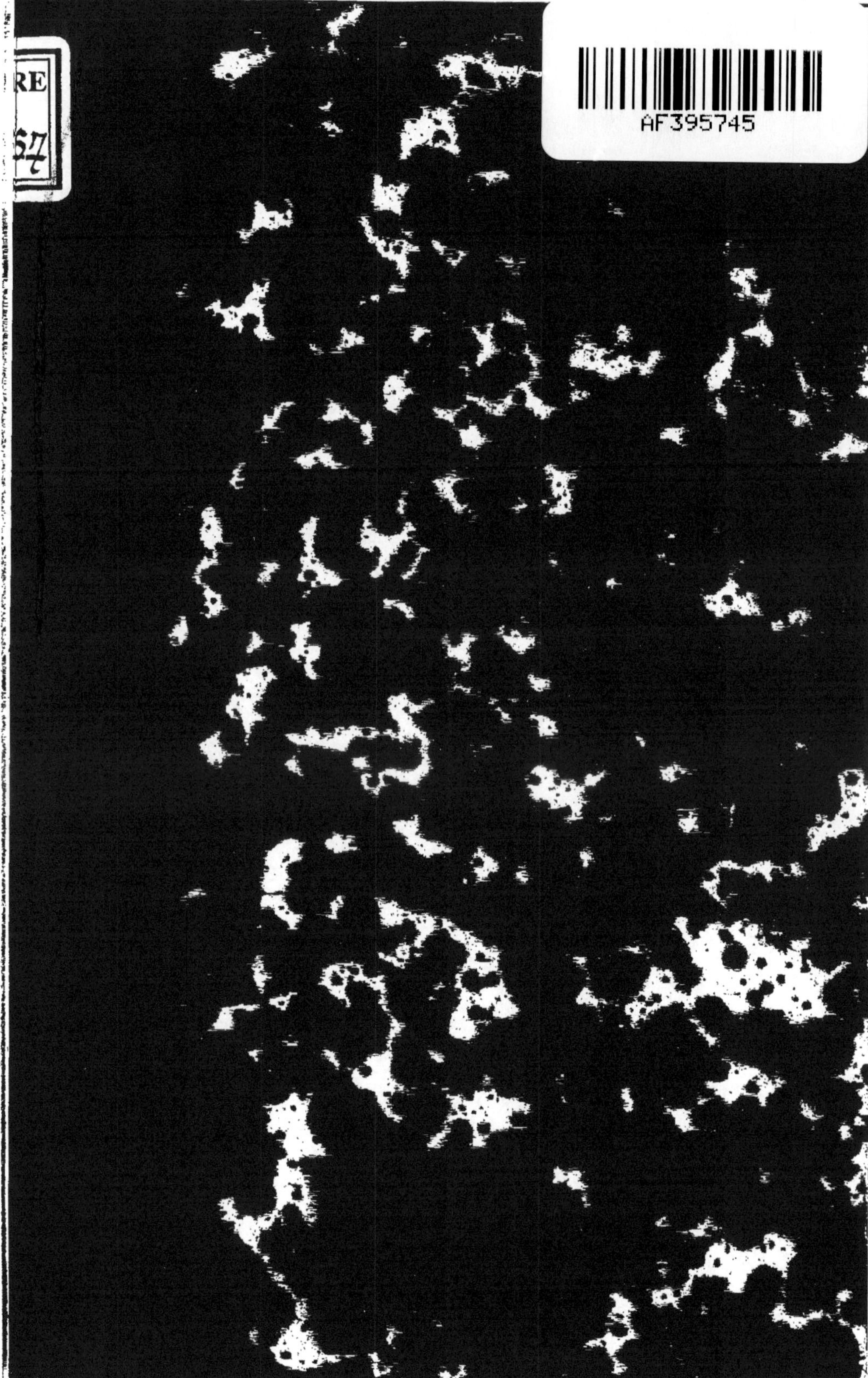

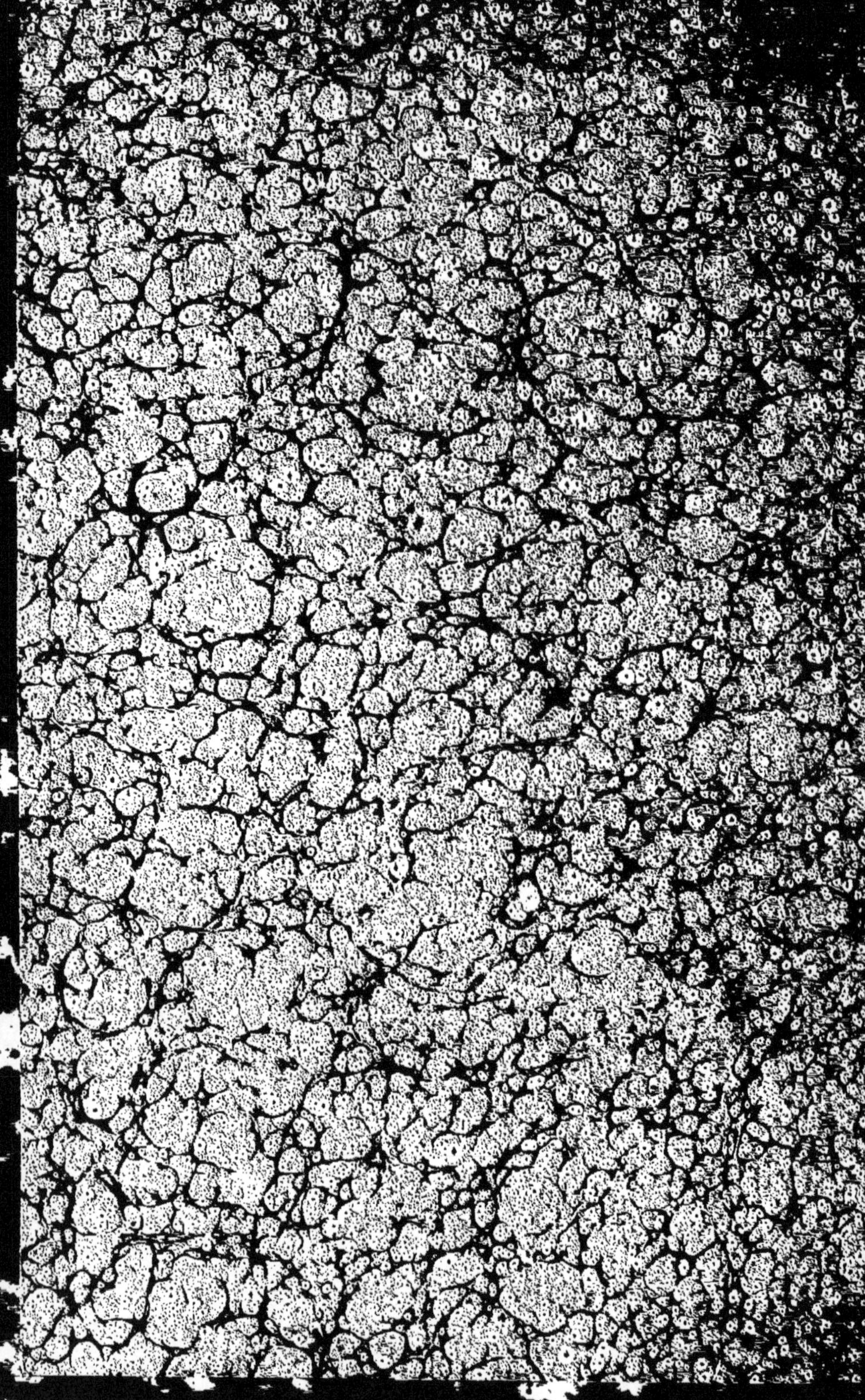

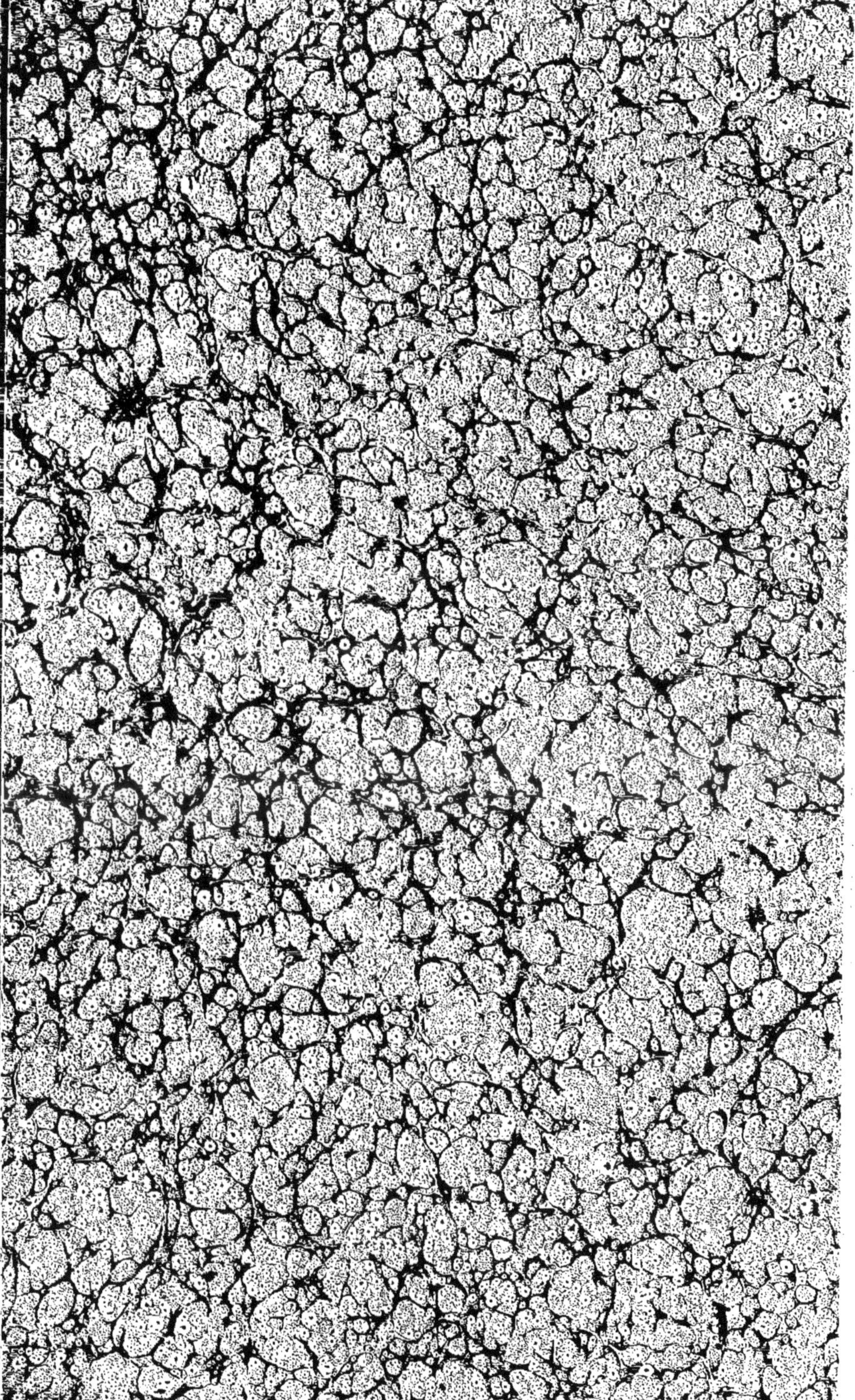

V

32467

PRINCIPES

D'ALGÈBRE,

PAR

E. E. BOBILLIER,

ANCIEN ÉLÈVE DE L'ÉCOLE ROYALE POLYTECHNIQUE,
PROFESSEUR A L'ÉCOLE ROYALE D'ARTS ET MÉTIERS DE CHAALONS-SUR-MARNE,
ET MEMBRE DE PLUSIEURS SOCIÉTÉS SAVANTES.

LONS-LE-SAUNIER,

IMPRIMERIE DE FRÉD. GAUTHIER.

M.DCCC.XXVII.

Les trois Livres des Principes d'Algèbre
coûtent 5 fr. et 6 fr. par la poste.

On les trouve :

A Paris, *chez* { Aimé André, libraire, quai des Augustins.
{ Lacroix, libraire, rue Serpente, n.º 16.

A Lyon, *chez* { Millon cadet, libraire, quai de Saône.
{ Ayné, libraire, place de Bellecour.

A Chaalons-sur-Marne, *chez* Cornet-Paulus, libraire, rue de Marne.

A Lons-le-Saunier, *chez* Escalle et Comp.ᵉ, libraires, rue du Commerce.

TABLE
DES MATIÈRES DU III.ᵉ LIVRE.

CHAPITRE I.

RAPPORTS ET PROPORTIONS PAR DIFFÉRENCE.

CHAPITRE II.

RAPPORTS ET PROPORTIONS PAR QUOTIENT.

CHAPITRE III.

PROGRESSIONS PAR DIFFÉRENCE.

CHAPITRE IV.

PROGRESSION PAR QUOTIENT.

CHAPITRE V.

THÉORIE DES LOGARITHMES.

CHAPITRE VI.

CONSTRUCTION ET USAGES DES TABLES DE LOGARITHMES.

CHAPITRE VII.

APPLICATIONS DE LA THÉORIE DES LOGARITHMES.

Fin de la Table du III.ᵉ Livre.

LIVRE TROISIÈME.

THÉORIE

DES PROPORTIONS, DES PROGRESSIONS ET DES LOGARITHMES.

CHAPITRE I.

I. *Rapports par différence.*

589. U$_N$ *rapport arithmétique* ou *par différence* est le résultat de la comparaison de deux quantités par voie de soustraction. Ainsi, soit $a - b = r$, r sera le rapport par différence des deux quantités a et b.

390. Les quantités a et b que l'on compare s'appellent les *termes* du rapport; le premier terme a porte aussi le nom d'*antécédent*, et le second terme b celui de *conséquent*.

391. On sépare par convention les deux termes par *un point* que l'on énonce *est à;* en conséquence, $a.b$ signifie a *est à* b et équivaut à $a - b$.

392. Un rapport par différence est *inverse* d'un autre quand il est composé des mêmes termes pris dans un autre ordre. Ainsi, le rapport inverse de $a.b$ est $b.a$.

Le rapport *direct* étant r, le rapport *inverse* est égal à $-r$; car de $a.b = r$, on déduit $a - b = r$, puis $b - a = -r$, et enfin $b.a = -r$.

393. *On ne change point un rapport par différence en augmentant ou en diminuant ses deux termes d'une même quantité.* Autrement, l'on a, quel que soit m,

$$a \cdot b = (a \pm m) \cdot (b \pm m).$$

En effet,

$$(a \pm m) \cdot (b \pm m) = (a \pm m) - (b \pm m) = a \pm m - b \mp m$$
$$= a - b = a \cdot b.$$

394. Un rapport par différence est dit *composé* quand il est la somme de plusieurs rapports simples.

395. *L'antécédent et le conséquent d'un rapport composé sont égaux à la somme des antécédens et à celle des conséquens des rapports simples dont il est formé.* Ainsi, le rapport composé des trois rapports $a.b$, $c.d$ et $e.f$ est $(a + c + e) \cdot (b + d + f)$. En effet, si l'on désigne ces trois rapports par r, s et t, l'on aura

$$r = a - b, \; s = c - d, \; t = e - f,$$

et, en ajoutant ces équations membre à membre,

$$r + s + t = (a + c + e) - (b + d + f) = (a + c + e) \cdot (b + d + f).$$

II. *Proportions par différence.*

396. On appelle *proportion arithmétique* ou par *différence*, ou bien encore, *équi-différence*, l'égalité de deux rapports par différence. Ainsi, soient $a \cdot b = r$ et $c \cdot d = r$, les deux rapports égaux $a \cdot b$ et $c \cdot d$ constitueront une équi-différence.

397. Les deux rapports sont ordinairement séparés par *deux points* que l'on énonce *comme*, de sorte que $a \cdot b : c \cdot d$ signifie a *est à* b *comme* c *est à* d, et équivaut à l'équation $a - b = c - d$.

398. On appelle 1.º *premier* et *deuxième antécédent* d'une équi-différence, le premier et le troisième terme ; 2.º *premier* et *deuxième conséquent*, le second et le quatrième terme ; 3.º *premier* et *deuxième extrême*, le premier et le quatrième terme ; 4.º *premier* et *deuxième moyen*, le deuxième et le troisième terme.

399. *Dans toute équi-différence, la somme des extrêmes est égale à celle des moyens.* En effet, l'équi-différence $a . b : c . d$ peut se mettre sous la forme (397)

$$a - b = c - d,$$

équation d'où l'on tire, en changeant de membre les termes négatifs,

$$a + d = b + c.$$

400. *Réciproquement, quatre quantités constituent une équi-différence, lorsque la somme des extrêmes est égale à celle des moyens.* En effet, soient a, b, c et d quatre quantités liées par la relation

$$a + d = b + c;$$

transportant b dans le premier membre et d dans le second, il vient

$$a - b = c - d, \text{ d'où } (397), a . b : c . d.$$

Ainsi, les quatre nombres 5, 6, 9 et 10, étant tels que $5 + 10 = 6 + 9$, forment l'équi-différence $5 . 6 : 9 . 10$. Il n'en est point de même des quatre autres nombres 2, 8, 9, 12, attendu que $2 + 12$ est $< 8 + 9$.

401. PROBLÈME. *Trois termes d'une équi-différence étant donnés, déterminer le quatrième.* Il peut arriver que le terme inconnu soit un extrême ou un moyen.

1.º *Si le terme inconnu est un extrême, on le détermine en retranchant l'extrême connu de la somme des moyens.* En effet, de l'équi-différence $a . b : c . d$, on tire $a + d = b + c$, d'où

$$a = b + c - d \text{ et } d = b + c - a.$$

2.º *Si le terme inconnu est un moyen, on le détermine en retranchant le moyen connu de la somme des extrêmes.* Car de l'équi-différence $a . b : c . d$, on déduit $b + c = a + d$, d'où

$$b = a + d - c \text{ et } c = a + d - b.$$

402. Une équi-différence est dite *continue* quand les moyens sont égaux. Telle est $a . b : b . c$.

Souvent, pour abréger, on n'écrit qu'une seule fois le

terme moyen, mais alors on fait précéder l'équi-différence
de *deux points* séparés par *un trait horizontal*; ainsi,
$\div a . b . c$ remplace $a . b : b . c$, et s'énonce a *est à* b *est à* c.

403. *Dans toute équi-différence continue, la somme des*
extrémes est double du terme moyen. En effet, de l'équi-
différence continue $\div a . b . c$, ou, ce qui revient au même,
de $a . b : b . c$ on tire $a + c = b + b$, ou bien, $a + c = 2b$.

404. **Problème.** *Deux termes d'une équi-différence con-*
tinue étant donnés, déterminer le troisième. Le terme inconnu peut être l'un des extrêmes ou le terme moyen.

1.° *Si l'un des extrémes est inconnu, on l'obtient en re-*
tranchant l'extréme connu du double du terme moyen ;
car, de l'équi-différence continue $\div a . b . c$, on déduit
$a + c = 2b$, d'où

$$a = 2b - c \text{ et } c = 2b - a.$$

2.° *Si le moyen terme est inconnu, on l'obtient en pre-*
nant la demi-somme des extrémes ; car de $\div a . b . c$ on
tire $2b = a + c$, et par suite

$$b = \frac{a + c}{2}.$$

405. On appelle *moyenne arithmétique entre deux quan-*
tités le moyen terme d'une équi-différence continue dont
elles sont les extrêmes. Ainsi, dans $\div a . b . c$, b est la
moyenne entre a et c.

De cette définition et de la seconde partie du problème
précédent, il résulte que *la moyenne arithmétique entre*
deux quantités est égale à leur demi-somme. La moyenne
entre 6 et 14, par exemple, est $\dfrac{6 + 14}{2}$ ou 10.

406. En général, *la moyenne arithmétique entre plu-*
sieurs quantités est une quantité telle que la somme des
rapports par différence, résultant de sa comparaison avec
chacune d'elles, est égale à zéro.

407. *La moyenne arithmétique entre plusieurs quantités*
est égale à la somme de ces quantités, divisée par leur

nombre. En effet, soit x la moyenne entre les m quantités $a, b, c,....l$. Les rapports de x à chacune d'elles sont $x-a$, $x-b$, $x-c$, ... $x-l$, et, en vertu de la définition du n.º 406, l'on a

$$x-a+x-b+x-c.... +x-l=0;$$

transposant les termes négatifs dans le second membre, et remarquant qu'alors le premier membre se compose de m termes égaux à x, il vient

$$m\,x = a+b+c...+l,$$

d'où

$$x = \frac{a+b+c....+l}{m}.$$

408. *Dans une suite de rapports égaux, la moyenne des antécédens est à la moyenne des conséquens comme un antécédent est à son conséquent.* Soit la suite

$$a\,.\,b : c\,.\,d : e\,.\,f ....: i\,.\,l,$$

composée de m rapports égaux à r ; l'on a

$$a-b=r,\ c-d=r,\ e-f=r,\ .....\ i-l=r,$$

et, en ajoutant ces m équations,

$$(a+c+e.... +i) - (b+d+f.... +l) = m\,r;$$

divisant les deux membres par m, substituant à r le rapport $a\,.\,b$ et aux signes $-$ et $=$ un et deux points, on trouve

$$\frac{a+c+e..... +i}{m} \cdot \frac{b+d+f..... +l}{m} : a\,.\,b\,.$$

III. *Exercices.*

409. PROBLÈME. *Déterminer x dans les équi-différences:*
$$3\,.\,5 : 7\,.\,x,\quad 2\,.\,9 : x\,.\,15,\quad 7\,.\,x : 8\,.\,12,$$
$$x\,.\,9 : 15\,.\,7,\quad \div 3\,.\,5\,.\,x,\quad \div 2\,.\,x\,.\,11,\quad \div x\,.\,6\,.\,7\,.$$
Rép. 1.º $x=9$; 2.º $x=8$; 3.º $x=11$; 4.º $x=17$; 5.º $x=7$; 6.º $x=6,5$; 7.º $x=5$.

410. PROBLÈME. *Trouver une moyenne arithmétique* 1.º *entre 8 et 12;* 2.º *entre 3, 17 et 20 ;* 3.º *entre 5, 6, 10, 12 et 21.* Rép. 1.º $x=10$; 2.º $x=13,333...$; 3.º $x=10,8$.

411. PROBLÈME. *La somme des termes d'une équi-diffé-rence est 10, celle de leurs carrés est 30, enfin leur pro-duit est 24; trouver cette équi-différence.* Rép. 1 . 2 : 3 . 4.

412. PROBLÈME. *Deux joueurs d'égale force conviennent que celui qui aura gagné le premier trois parties recevra a fr. de l'autre, et que, s'ils se séparent avant que le sort ait décidé, le jeu sera réglé conformément à leurs chances d'alors. On demande combien le premier joueur devra recevoir du second 1.º dans l'hypothèse où le premier au-roit deux parties et le second une ; 2.º Dans celle où le premier auroit deux parties et le second aucune ; 3.º En-fin dans celle où le premier auroit une partie et le second aucune.* Rép. 1.º $x = \dfrac{a}{2}$; 2.º $x = \dfrac{3a}{4}$; 3.º $x = \dfrac{3a}{8}$.

413. PROBLÈME. *Trois joueurs d'égale force conviennent que celui qui gagnera le premier trois parties recevra a fr. de chacun des deux autres ; après avoir fait trois parties dont deux ont été gagnées par le premier joueur et une par le second, ils règlent le jeu en ayant égard à leurs chances respectives. On demande le gain ou la perte de chacun.*

Rép. *le gain du premier est* $\dfrac{10\,a}{9}$; *les pertes du second et du troisième sont* $\dfrac{a}{3}$ *et* $\dfrac{7\mathrm{a}}{9}$.

CHAPITRE II.

RAPPORTS ET PROPORTIONS PAR QUOTIÉNT.

I. *Rapports par quotient.*

414. On appelle *rapport géométrique* ou *par quotient*, ou simplement, *rapport*, le résultat de la comparaison de deux quantités par voie de division. Soit $\frac{a}{b} = r$, r sera le rapport des deux *termes* a et b.

415. On sépare ordinairement l'*antécédent* a *du consé-quent* b par deux points que l'on énonce *est à*, ou bien, *divisé par*, comme on l'a vu au commencement de ce traité; de sorte que $a : b$ signifie a *est à* b, *ou* a *divisé par* b.

416. Un rapport est *inverse* d'un autre, quand il est composé des mêmes termes, pris dans un ordre différent. Le rapport inverse de $a : b$, par exemple, est $b : a$.

Le rapport *direct* $a : b$ étant r, le rapport *inverse* $b : a$ est égal à $\frac{1}{r}$. Car, si l'on désigne par r' le rapport *inverse*, on a

$$r = \frac{a}{b}, \ r' = \frac{b}{a};$$

et, en multipliant ces égalités membre à membre,

$$rr' = \frac{a \times b}{b \times a} = 1, \qquad \text{d'où} \quad r' = \frac{1}{r}.$$

417. *On ne change point un rapport en multipliant ou en divisant ses deux termes par la même quantité.* Autrement, l'on a, quel que soit m,

$$a : b = m a : m b, \qquad a : b = \frac{a}{m} : \frac{b}{m},$$

ce qui résulte de ce qu'un rapport n'est autre chose qu'une fraction dont le numérateur est l'antécédent et dont le dénominateur est le conséquent, et de ce que l'on n'altère point une fraction, en multipliant ou en divisant ses deux termes par la même quantité.

En général, les règles relatives au calcul des fractions sont aussi applicables à celui des rapports.

418. Un rapport est dit *composé* quand il est le produit de plusieurs rapports simples.

419. *L'antécédent et le conséquent d'un rapport composé sont égaux aux produits des antécédens et des conséquens des rapports simples dont il est formé.* Ainsi, le rapport composé des trois rapports $a : b$, $c : d$ et $e : f$ est $a \times c \times e : b \times d \times f$. En effet, soient r, s et t ces trois rapports et multiplions entr'elles les trois équations

$$r = \frac{a}{b}, \quad s = \frac{c}{d}, \quad t = \frac{e}{f},$$

il vient

$$r \times s \times t = \frac{a \times c \times e}{b \times d \times f} = a \times c \times e : b \times d \times f.$$

II. Proportions par quotient.

420. On appelle *proportion géométrique* ou *par quotient*, ou bien encore, *équi-quotient*, l'égalité de deux rapports. Soient $a : b = r$ et $c : d = r$, les deux rapports égaux $a : b$ et $c : d$ constitueront une proportion par quotient, que désormais, pour abréger, nous nommerons simplement *proportion*.

421. Pour écrire une proportion, on sépare ses deux rapports par quatre points que l'on énonce *comme*; de manière que $a : b :: c : d$ signifie a *est à* b *comme* c *est à* d, et équivaut à l'équation $\frac{a}{b} = \frac{c}{d}$.

On emploie, pour désigner les termes d'une proportion, les mêmes expressions que pour nommer ceux d'une équidifférence. (Voyez le n.º 398.)

422. *Dans toute proportion, le produit des extrêmes est égal à celui des moyens.* Car la proportion $a : b :: c : d$ peut se mettre sous la forme (421)

$$\frac{a}{b} = \frac{c}{d}$$

et, en chassant les dénominateurs, on trouve

$$a \times d = b \times c.$$

423. *Réciproquement, quatre quantités sont en proportion lorsque le produit des extrêmes est égal à celui des moyens.* Soient a, b, c et d quatre quantités liées entr'elles par l'équation

$$a \times d = b \times c.$$

Divisons les deux membres par $b \times d$, nous aurons

$$\frac{a \times d}{b \times d} = \frac{b \times c}{b \times d},$$

et, en supprimant le facteur d commun aux deux termes de la première fraction et le facteur b commun aux deux termes de la seconde,

$$\frac{a}{b} = \frac{c}{d}, \text{ d'où (421)} \quad a : b :: c : d.$$

Ainsi, les quatre nombres 5, 4, 10 et 8, étant tels que $5 \times 8 = 4 \times 10$, constituent la proportion $5 : 4 :: 10 : 8$; mais les quatre nombres 5, 8, 7 et 10 ne sont point *proportionnels*, attendu que 5×10 est $< 8 \times 7$.

424. De là résulte immédiatement que *si l'un des extrêmes est plus grand ou plus petit que l'un des moyens, l'autre extrême sera plus petit ou plus grand que l'autre moyen.*

425. *On peut, sans troubler une proportion, disposer ses termes de huit manières différentes.* Car le produit des extrêmes reste égal à celui des moyens, 1.º lorsqu'on intervertit l'ordre des extrêmes; 2.º lorsqu'on intervertit l'ordre des moyens; 3.º lorsqu'on met les extrêmes à la place des moyens et réciproquement. Conséquemment, si a et d sont les extrêmes d'une proportion, b et c ses moyens, on pourra l'écrire des huit manières suivantes :

$$1.^o \quad a:b::c:d; \qquad 5.^o \quad b:a::d:c;$$
$$2.^o \quad d:b::c:a; \qquad 6.^o \quad b:d::a:c;$$
$$3.^o \quad a:c::b:d; \qquad 7.^o \quad c:a::d:b;$$
$$4.^o \quad d:c::b:a; \qquad 8.^o \quad c:d::a:b.$$

426. **Problème.** *Trois termes d'une proportion étant donnés, déterminer le quatrième.* Il peut arriver que le terme inconnu soit un extrême ou un moyen.

1.º *Si le terme inconnu est un extrême, on l'obtient en divisant le produit des moyens par l'extrême connu.* En effet, de la proportion $a:b::c:d$ on déduit $a \times d = b \times c$, d'où

$$a = \frac{b \times c}{d} \text{ et } d = \frac{b \times c}{a}.$$

2.º *Si le terme inconnu est un moyen, on l'obtient en divisant le produit des extrêmes par le moyen connu.* Car de la proportion $a:b::c:d$ on tire $b \times c = a \times d$, et par suite

$$b = \frac{a \times d}{c} \text{ et } c = \frac{a \times d}{b}.$$

427. **Donc** *si deux proportions ont trois termes communs et disposés de la même manière, les quatrièmes termes sont égaux.*

428. Une proportion *continue* est celle dont les moyens sont égaux. Telle est $a:b::b:c$.

On peut se dispenser de répéter le terme moyen, pourvu que l'on fasse précéder la proportion de *quatre points*, séparés *deux à deux* par un *trait horizontal*; de sorte qu'à la proportion $a:b::b:c$, on peut substituer l'expression $\div a:b:c$, que l'on énonce a *est à* b *est à* c.

429. *Dans une proportion continue, le produit des extrêmes est égal au carré du terme moyen.* Car, de la proportion continue $\div a:b:c$, ou, ce qui revient au même, de $a:b::b:c$, on tire (422)

$$a \times c = b \times b \quad \text{ou} \quad a \times c = b^2.$$

430. **Problème.** *Deux termes d'une proportion continue étant donnés, déterminer le troisième.* Le terme inconnu peut être l'un des extrêmes ou le moyen.

1.º *Si le terme inconnu est l'un des extrémes, on le détermine en divisant le carré du moyen par l'extrême connu.* En effet, de $\div a : b : c$ on déduit $a \times c = b^2$, d'où

$$a = \frac{b^2}{c} \quad \text{et} \quad c = \frac{b^2}{a}.$$

2.º *Si le moyen terme est inconnu, ou le détermine en extrayant la racine carrée du produit des extrémes.* **Car** la proportion continue $\div a : b : c$ fournit $b^2 = a \times c$; d'où l'on tire, en extrayant la racine carrée des deux membres,

$$b = \sqrt{a \times c}.$$

431. On appelle 1.º *quatrième proportionnelle à trois quantités*, le quatrième terme d'une proportion dont elles sont les trois premiers termes ; 2.º *troisième proportionnelle à deux quantités*, le troisième terme d'une proportion continue dont elles sont les deux premiers termes; 3.º *moyenne proportionnelle entre deux quantités*, le terme moyen d'une proportion continue dont elles sont les extrêmes.

432. De ces définitions et des n.ᵒˢ 426 et 430, il suit : 1.º que *la quatrième proportionnelle à trois quantités est égale au produit de la deuxième par la troisième, divisé par la première;* 2.º que *la troisième proportionnelle à deux quantités est égale au carré de la deuxième, divisé par la première;* 3.º que *la moyenne proportionnelle entre deux quantités est égale à la racine carrée de leur produit.*

Ainsi, la quatrième proportionnelle aux trois nombres 2, 5 et 6 est $5 \times 6 : 2 = 15$; la troisième proportionnelle aux deux nombres 3 et 6 est $6^2 : 3 = 12$; la moyenne proportionnelle entre les nombres 2 et 18 est $\sqrt{2 \times 18} = 6$.

433. On appelle *moyenne proportionnelle entre plusieurs quantités*, une quantité telle que le produit des rapports, résultant de sa comparaison avec chacune d'elles, est égal à l'unité.

434. *La moyenne proportionnelle entre* m *quantités est égale à la racine* m.ᵉᵐᵉ *de leur produit.* Car, si l'on appelle x la moyenne proportionnelle entre les m quantités a, b, c,...l, les m rapports, résultant de la comparaison de

x avec $a, b, c,...l$, sont $\frac{x}{a}$, $\frac{x}{b}$, $\frac{x}{c}$,... $\frac{x}{l}$, et, en vertu de la définition de la moyenne, l'on a

$$\frac{x}{a} \times \frac{x}{b} \times \frac{x}{c}.....\frac{x}{l} = 1 \, ;$$

chassant les dénominateurs et observant qu'alors le premier membre est le produit de m facteurs égaux à x, on trouve

$$x^m = a \times b \times c.... \times l,$$

d'où,

$$x = \sqrt[m]{a \times b \times c.... \times l}.$$

435. *La moyenne proportionnelle entre plusieurs quantités* (on les suppose toutes positives), *est plus petite que leur moyenne arithmétique.* Pour démontrer cette proposition, nous allons d'abord établir celle-ci : *si l'on divise un nombre* s *en* m *parties, le produit de ces parties sera le plus grand possible quand elles seront égales entr'elles,* c'est-à-dire *que ce plus grand produit est* $\left(\frac{s}{m}\right)^m$.

Représentons ce plus grand produit par p et les m facteurs dont il est composé par $x, y, z, u......$; nous aurons

$$x + y + z + u..... = s, \qquad (a)$$
$$x \times y \times z \times u...... = p \, ;$$

Cela posé, considérons d'abord les deux facteurs x et y; admettons un instant qu'il y ait inégalité entre eux, et désignons leur demi somme par a, ensorte que $x+y=2a$; nous déduirons de là, en vertu du n.° 381, l'inégalité $xy < a^2$, et, en substituant dans les deux 1.res équations,

$$a + a + z + u.... = s,$$
$$a \times a \times z \times u.... > p,$$

ce qui est impossible, à cause de la définition de p; donc $x=y$; on prouveroit de la même manière que $y=z$, $z=u...$; donc $x = y = z = u....$; ce qui change l'équation (a) en $mx = s$, d'où $x = \frac{s}{m}$, et par suite

$$p = \frac{s}{m} \times \frac{s}{m} \times \frac{s}{m}.....\frac{s}{m} = \left(\frac{s}{m}\right)^m.$$

Soient maintenant m quantités $a, b, c, ...l$; nous aurons, en vertu de ce qui précède,

$$a \times b \times c ..... \times l < \left(\frac{a+b+c....+l}{m} \right)^m$$

et, en extrayant la racine m.^{ème} des deux membres,

$$\sqrt[m]{a \times b \times c .... \times l} < \frac{a+b+c..... +l}{m}.$$

III. *Système de proportions.*

436. *Si deux proportions ont un rapport commun, les rapports non communs forment une nouvelle proportion.* Soient deux proportions

$$a:b::c:d, \qquad a:b::e:f,$$

ayant un rapport commun $a:b$; on pourra les mettre sous la forme (421)

$$\frac{a}{b}=\frac{c}{d}, \qquad \frac{a}{b}=\frac{e}{f},$$

équations d'où l'on tire aisément

$$\frac{c}{d}=\frac{e}{f}, \text{ et par suite, } c:d::e:f.$$

437. *Si deux proportions ont les mêmes antécédens, les conséquens sont proportionnels.* Soient les proportions

$$a:b::c:d, \qquad a:e::c:f$$

ayant les mêmes antécédens a et c; faisant changer de place aux moyens dans chacune d'elles (425), elles deviennent

$$a:c::b:d, \qquad a:c::e:f,$$

d'où résulte, à cause du n.º précédent,

$$b:d::e:f \text{ ou } b:e::d:f.$$

438. On démontreroit de la même manière que *si deux proportions ont les mêmes conséquens, les antécédens sont proportionnels.*

439. *Si deux proportions ont les mêmes extrémes, les moyens sont inversement proportionnels.* En effet, des deux proportions

$$a:b::c:d, \qquad a:e::f:d,$$

qui ont les extrêmes communs a et d, on déduit (422)

$$a \times d = b \times c, \quad a \times d = e \times f,$$

et par conséquent

$$b \times c = e \times f \quad \text{d'où (413)} \quad b : e :: f : c.$$

440. On démontreroit par un raisonnement analogue que *si deux proportions ont les mêmes moyens, les extrémes sont inversement proportionnels.*

441. *Si l'on multiplie, terme à terme, deux ou un plus grand nombre de proportions, les produits seront proportionnels.* Soient, pour le démontrer, les proportions

$$a : b :: c : d, \quad e : f :: g : h, \quad i : j :: k : l.$$

On peut d'abord les mettre sous la forme

$$\frac{a}{b} = \frac{c}{d}, \quad \frac{e}{f} = \frac{g}{h}, \quad \frac{i}{j} = \frac{k}{l},$$

et, si on multiplie ces équations membre à membre, on trouve

$$\frac{a \times e \times i}{b \times f \times j} = \frac{c \times g \times k}{d \times h \times l},$$

d'où

$$a \times e \times i : b \times f \times j :: c \times g \times k : d \times h \times l.$$

442 *Si l'on divise deux proportions, terme à terme, les quotiens sont proportionnels.* En effet, des proportions

$$a : b :: c : d, \qquad e : f :: g : h,$$

on tire

$$a \times d = b \times c, \qquad e \times h = f \times g$$

et, en divisant ces équations membre à membre,

$$\frac{a \times d}{e \times h} = \frac{b \times c}{f \times g} \quad \text{ou} \quad \frac{a}{e} \times \frac{d}{h} = \frac{b}{f} \times \frac{c}{g},$$

d'où l'on peut conclure (423)

$$\frac{a}{e} : \frac{b}{f} :: \frac{e}{g} : \frac{d}{h}.$$

443. *Si quatre quantités sont en proportion, leurs puissances semblables sont proportionnelles.* Car, à la proportion $a : b :: c : d$, on peut substituer l'équation

$$\frac{a}{b} = \frac{c}{d},$$

et, si l'on élève ses deux membres à la puissance m, il vient

$$\frac{a^m}{b^m} = \frac{c^m}{d^m},$$

d'où

$$a^m : b^m :: c^m : d^m.$$

444. *Si quatre quantités sont en proportion, leurs racines semblables sont proportionnelles;* car, à la proportion $a:b::c:d$, on peut substituer l'équation

$$\frac{a}{b} = \frac{c}{d},$$

et, en extrayant la racine m.^{ème} des deux membres, il vient

$$\frac{\sqrt[m]{a}}{\sqrt[m]{b}} = \frac{\sqrt[m]{c}}{\sqrt[m]{d}},$$

d'où

$$\sqrt[m]{a} : \sqrt[m]{b} :: \sqrt[m]{c} : \sqrt[m]{d}.$$

IV. *Changemens que l'on peut faire subir aux termes d'une proportion sans la détruire.*

445. *On peut, sans détruire une proportion, multiplier ou diviser par une même quantité,* 1.º *les deux termes d'un même rapport ;* 2.º *les deux antécédens ;* 3.º *les deux conséquens.* Ainsi, de la proportion $a : b :: c : d$, on peut déduire, quel que soit m,

$$1.º \quad ma : mb :: c : d ; \quad a : b :: \frac{c}{m} : \frac{d}{m}.$$

$$2.º \quad ma : b :: mc : d; \quad \frac{a}{m} : b :: \frac{c}{m} : d.$$

$$3.º \quad a : mb :: c : md; \quad a : \frac{b}{m} :: c : \frac{d}{m}.$$

Car, après ces changemens, en vertu de l'équation $a \times d = b \times c$, le produit des extrêmes est encore égal à celui des moyens.

446. On démontreroit de la même manière que *sans détruire une proportion, on peut multiplier l'un des extrêmes ou des moyens par une quantité arbitraire, pourvu que l'on divise l'autre extrême ou l'autre moyen par la même quantité.*

447. *Dans toute proportion, la somme ou la différence des deux premiers termes est à la somme ou à la différence des deux derniers comme le premier terme est au troisième, ou comme le deuxième est au quatrième.* Car de la proportion $a : b :: c : d$ on déduit

$$\frac{a}{b} = \frac{c}{d},$$

et, en ajoutant $\pm\, 1$ aux deux membres de cette équation,

$$\frac{a}{b} \pm 1 = \frac{c}{d} \pm 1 \text{ ou } \frac{a \pm b}{b} = \frac{c \pm d}{d};$$

d'où l'on conclut (421)

$$a \pm b : b :: c \pm d : d. \tag{b}$$

cette proportion et celle dont nous sommes partis ont les mêmes conséquens ; donc les antécédens sont proportionnels et l'on a

$$a \pm b : a :: c \pm d : c. \tag{c}$$

Intervertissant l'ordre des moyens dans (*b*) et (*h*), il vient enfin

$$a \pm b : c \pm d :: b : d, \quad a \pm b : c \pm d :: a : c. \tag{d}$$

448. *Dans toute proportion, la somme des deux premiers termes est à leur différence comme la somme des deux derniers est à leur différence.* Car, en dédoublant la proportion (*b*), on a les deux suivantes

$$a + b : b :: c + d : d, \quad a - b : b :: c - d : d,$$

et, parce qu'elles ont les mêmes conséquens,

$$a + b : a - b :: c + d : c - d. \tag{e}$$

449. *Dans toute proportion,* 1.° *la somme ou la différence des antécédens est à la somme ou à la différence des conséquens comme un antécédent est à son conséquent.* 2.° **La** *somme des antécédens est à leur différence comme la somme*

des conséquens est à leur différence. En effet, en changeant l'ordre des moyens dans la proportion $a : b :: c : d$, on obtient $a : c :: b : d$, d'où l'on tire, en vertu des n.ºs 447 et 448,

$$1.^o \quad a \pm c : b \pm d :: a : b;$$
$$2.^o \quad a + c : a - c :: b + d : b - d. \qquad (f)$$

450. Voici quelques autres transformations de la proportion $a : b :: c : d$, que nous nous dispenserons d'énoncer ; multipliant les deux membres de l'équation fondamentale

$$\frac{a}{b} = \frac{c}{d}$$

par m, et ajoutant ensuite n à l'un et à l'autre, (m et n sont deux nombres quelconques); il vient

$$\frac{ma}{b} + n = \frac{mc}{d} + n \text{ ou } \frac{ma + nb}{b} = \frac{mc + nd}{d},$$

d'où l'on tire

$$ma + nb : b :: mc + nd : d.$$

désignant maintenant par p et q deux autres nombres quelconques ; on trouveroit, en suivant la même marche,

$$pa + qb : b :: pc + q\,d : d ;$$

dè la comparaison de ces deux proportions, il résulte celle-ci :

$$ma + nb : pa + qb :: mc + nd : pc + qd. \qquad (g)$$

En déplaçant les moyens de la proportion $a : b :: c : d$, elle devient $a : c :: b : d$, et par conséquent l'on a aussi

$$ma + nc : pa + qc :: mb + nd : pb + qd. \qquad (h)$$

les deux proportions (g) et (h) comportent toutes celles de ce paragraphe ; si l'on suppose, par exemple, que $m = 1, n = 1, p = 1, q = -1$, on retombe sur les transformations (e) et (f) des n.ºs 448 et 449.

En général, il sera toujours facile de reconnoître si une proportion donnée peut se déduire de $a : b :: c : d$, car il suffira de s'assurer si le produit des extrêmes y est égal à celui des moyens, en vertu de la seule relation $a \times d = b \times$

3

V. *Suite de rapports égaux.*

451. Soient $a : b = r,\ c : d = r,\ e : f = r,\ \ldots\ k : l = r$; on aura la suite de rapports égaux

$$a : b :: c : d :: e : f :: \ldots :: k : l,$$

que l'on énoncera : a *est à* b *comme* c *est à* d *comme* e *est à* f, etc..... *comme* k *est à* l.

Quélquefois, on écrit d'abord tous les antécédens, puis tous les conséquens, en séparant deux antécédens ou deux conséquens consécutifs par deux points, et le dernier antécédent du premier conséquent par quatre. Ainsi, la suite précédente peut se mettre sous la forme

$$a : c : e : \ldots : k :: b : d : f : \ldots : l,$$

et l'on dit alors : a *est à* c *est à* e ..... *est à* k *comme* b *est à* d *est à* f ..... *est à* l.

452. *Dans une suite de rapports égaux, la somme de tous les antécédens est à la somme de tous les conséquens comme un antécédent quelconque est à son conséquent.* Si l'on représente par r la valeur commune à tous les rapports de la suite

$$a : b :: c : d :: e : f :: \ldots :: k : l, \qquad (i)$$

l'on a

$$\frac{a}{b} = r,\ \frac{c}{d} = r,\ \frac{e}{f} = r, \ldots \frac{k}{l} = r, \qquad (j)$$

et, en faisant disparaître les dénominateurs,

$$a = br,\ c = dr,\ e = fr, \ldots k = lr ;$$

ajoutant ces équations et mettant r en facteur dans le second membre, il vient

$$a + c + e \ldots + k = (b + d + f \ldots + l)\, r ;$$

si l'on divise maintenant les deux membres par l'expression $b + d + f \ldots + l$ et si l'on remplace r par l'un des rapports de la suite, par exemple, par $\dfrac{a}{b}$, on trouve

$$\frac{a+c+e\ldots+k}{b+d+f\ldots+l}=\frac{a}{b},$$

d'où

$$a+c+e\ldots+k:b+d+f\ldots+l::a:b. \qquad (k)$$

453. *Dans une suite de rapports égaux, la somme d'un certain nombre d'antécédens est à la somme des conséquens correspondans comme la somme d'un autre nombre d'antécédens est à la somme des conséquens correspondans.* Car la suite de rapports égaux

$$a:b::c:d::e:f::g:h::i:j$$

peut se partager en deux autres

$$a:b::c:d::e:f, \qquad g:h::i:j,$$

d'où l'on déduit (452)

$$a+c+e:b+d+f::a:b,$$
$$g+i:h+j::g:h \text{ ou } ::a:b;$$

et, parce que ces proportions ont le rapport commun $a:b$,

$$a+c+e:b+d+f::g+i:h+j.$$

454. **PROBLÈME.** *Partager le nombre a en parties proportionnelles aux nombres m, n, p,* etc. Si l'on désigne par x,y,z, etc. les parties cherchées, on a évidemment

$$x:y:z:\ldots::m:n:p:\ldots$$

d'où l'on conclut en vertu du n.° 452 et en observant que $x+y+z\ldots=a$,

$$a:m+n+p+\ldots::x:m, \qquad x=\frac{ma}{m+n+p\ldots}$$

$$a:m+n+p+\ldots::y:n, \quad \text{d'où} \quad y=\frac{na}{m+n+p\ldots}$$

$$a:m+n+p+\ldots::z:p, \qquad z=\frac{pa}{m+n+p\ldots}$$

$$\ldots\ldots\ldots\ldots\ldots\ldots\ldots\ldots\ldots\ldots\ldots\ldots\ldots$$

455. *Dans une suite de rapports égaux, la moyenne arithmétique de tous les antécédens est à celle de tous les conséquens comme un antécédent est à son conséquent.* Car, si l'on représente par m le nombre des rapports de

la suite (i) , et si l'on divise par ce nombre les deux premiers termes de la proportion (k) , qui en est une conséquence, il vient

$$\frac{a+c+e....+k}{m} : \frac{b+d+f....+l}{m} :: a : b. \quad (l)$$

456 *Dans une suite de rapports égaux, la moyenne proportionnelle de tous les antécédens est à celle de tous les conséquens comme un antécédent est à son conséquent.* En effet, si l'on multiplie, membre à membre, les m équations (j), on obtient

$$\frac{a \times c \times e .... \times k}{b \times d \times f .... \times l} = r^m$$

d'où, en extrayant la racine m.^{ième},

$$\frac{\sqrt[m]{a \times c \times e.... \times k}}{\sqrt[m]{b \times d \times f.... \times l}} = r ;$$

et, en remplaçant r par $a : b$,

$$\sqrt[m]{a \times c \times e..... \times k} : \sqrt[m]{b \times d \times f.... \times l} :: a : b. \ (m)$$

457. *Dans une suite de rapports égaux la moyenne arithmétique de tous les antécédens est à celle de tous les conséquens comme la moyenne proportionnelle de tous les antécédens est à celle de tous les conséquens.* Les proportions (l) et (m) ayant un rapport commun $a : b$ fournissent effectivement

$$\frac{a+c...+k}{m} : \frac{b+d...+l}{m} :: \sqrt[m]{a \times c...\times k} : \sqrt[m]{b \times d... \times l}.$$

VI. *Exercices.*

458. **Problème.** *Déterminer* x *dans les proportions :*

$$3 : 5 :: 6 : x, \quad 2 : 9 :: x : 5, \quad 3 : x :: 8 : 7,$$
$$x : 7 :: 5 : 3, \ \div 1 : 8 : x, \ \div 4 : x : 9, \ \div x : 3 : 2.$$

Rép. $1.^o \ x = 10; \ 2.^o \ x = 1,111...; 3.^o \ x = 2,625; 4.^o \ x = 11,666...; 5.^o \ x = 64; \ 6.^o \ x = 6; \ 7.^o \ x = 4,5.$

459. **Problème.** *Trouver une moyenne proportionnelle,*
1.° *entre* 15 *et* 72 ; 2.° *entre* 9, 12 *et* 686 ; 3.° *entre* 2, 4,
9 *et* 18. Rép. 1.° $x = 32,86...$; 2.° $x = 42$; 3.° $x = 6$.

460. **Problème.** *Partager* 360 *en parties proportionnelles
aux nombres* 1, 3, 4 *et* 7. Rép. *Ces parties sont* 24, 72, 96
168.

461. **Problème.** *Connoissant la moyenne arithmétique
de trois quantités, la moyenne de leurs carrés, enfin celle
de leurs cubes; déterminer la moyenne proportionnelle
entre ces trois quantités.* Rép. Si a, b et c désignent les
trois moyennes données, et x la moyenne porportion-
nelle cherchée, l'on a

$$x = \sqrt[3]{\frac{9\,a^3 - 9\,ab + 2c}{2}}$$

462. Démontrer *qu'une proportion non identique ne peut
être à la fois arithmétique et géométrique.*

CHAPITRE III.

PROGRESSIONS PAR DIFFÉRENCE.

I. *Définition et notation.*

463. *Une progression arithmétique* ou *par différence* est une suite de termes, dont chacun est égal à celui qui le précède, joint à une quantité invariable, que l'on appelle *raison*. Ainsi, soient

$$a + r = b, \ b + r = c, \ c + r = d, \ d + r = e, \ \ldots$$

les termes $a, b, c, d, e, \ldots$ constituent une progression par différence dont la raison est r.

464. On dit qu'une progression par différence est *croissante* ou *décroissante*, selon que les termes dont elle est composée vont en augmentant ou en diminuant; autrement, selon que la raison de cette progression est positive ou négative. Les progressions

$$2, \quad 5, \ 8, \ 11, \ 14, \ 17, \ 20, \ 23, \ldots$$
$$16, \ 12, \ 8, \ 4, \ 0, -4, -8, -12, \ldots$$

sont l'une croissante et l'autre décroissante; la raison de la première est $5 - 2 = 3$; celle de la seconde est $12 - 16 = -4$.

465. *Un terme quelconque d'une progression par différence est égal à la moyenne arithmétique entre celui qui le précède et celui qui le suit;* car, si f, g et h sont trois termes consécutifs, pris arbitrairement dans une suite de ce genre, l'on a, en désignant la raison par r,

$$f + r = g, \ g + r = h,$$

et, en retranchant la deuxième équation de la première,

$$f - g = g - h,$$

d'où l'on conclut (397)

$$f \cdot g : g \cdot h \text{ ou} \div f \cdot g \cdot h.$$

466. Pour indiquer que plusieurs quantités forment une progression par différence, *on les sépare deux à deux par un point qui signifie est à*, *et l'on fait précéder la suite de deux points séparés par un trait horizontal.* Ainsi, l'expression

$$\div a \cdot b \cdot c \cdot d \cdot e \cdot f \dots$$

indique que les termes a, b, c, d, e, f,.... sont en progression par différence, et s'énonce : a *est à* b *est à* c *est à* d *est à* e..... Cette notation résulte évidemment du n.° précédent et de celle adoptée dans le n.° 402.

II. *Formules fondamentales.*

467. Ire Formule. *Un terme quelconque d'une progression par différence est égal au premier, plus autant de fois la raison qu'il y a de termes avant lui.* Soient r la raison et l le $n.^{\text{ème}}$ terme de la progression

$$\div a \cdot b \cdot c \cdot d \cdot e \dots j \cdot k \cdot l \dots$$

on aura (463) les $n - 1$ équations

$$b = a + r,\ c = b + r,\ d = c + r,\dots k = j + r,\ l = k + r,$$

et en les ajoutant,

$$b + c + d + \dots + k + l = a + b + c + \dots + k + (n-1)r,$$

d'où, en supprimant les termes b, c, d,.... k communs aux deux membres,

$$l = a + (n - 1)r;$$

ce qui démontre le principe énoncé.

Si l'on fait dans cette formule $n = 1$, $n = 2$, $n = 3$, $n = 4$... l représente successivement les divers termes de la progression et l'on trouve

$$a = a,\ b = a + r,\ c = a + 2r,\ d = a + 3r,\dots$$

c'est pourquoi l'on donne à cette expression le nom de *terme général du rang* n.

1.er *Exemple.* Le 16.e terme de la progression $\div 2 \cdot 5\dots$, dont le premier terme est 2 et dont la raison est $5 - 2 = 3$, est égal à $2 + (16 - 1) \times 3 = 47$.

2.e *Exemple*. Le 51.e terme de la progression $\div$ 16 . 12...
dont le premier terme est 16 et dont la raison est
12 — 16 = — 4, est égal à 16 + (51—1) × —4 = — 184.

468. 2.e FORMULE. *La somme des termes d'une progression par différence est égale à la demi-somme des termes
extrêmes multipliée par le nombre des termes.* Représentons
par r et n la raison et le nombre des termes de la progression

$$\div a . b . c . d \dots\dots i . j . k . l , \qquad \text{(a)}$$

et posons

$$s = a + b + c + d \dots + i + j + k + l ; \qquad \text{(b)}$$

nous pourrons, en disposant ses termes dans un ordre inverse, former cette autre progression

$$\div l . k . j . i \dots d . c . b . a , \qquad \text{(c)}$$

dont la raison est — r, ce qui fait voir qu'elle est croissante
si la première est décroissante et réciproquement ; mais
la somme des termes n'étant point altérée par cet arran-
gement, nous aurons encore

$$s = l + k + j + i \dots \quad + d + c + b + a , \qquad \text{(d)}$$

puis, en ajoutant les équations (b) et (d),

$$2 s = (a + l) + (b + k) + (c + j) + (d + i) \dots\dots$$
$$\dots\dots\dots + (k + b) + (l + a) . \qquad \text{(e)}$$

or, par la nature des progressions (a) et (c), il vient

$$a + r = b, \ b + r = c, \ c + r = d, \dots \ k + r = l,$$
$$l — r = k, \ k — r = j, \ j — r = i, \dots \ b — r = a,$$

et, en prenant la somme des équations correspondantes et
observant en même temps que les termes r et — r se dé-
truisent,

$$a + l = b + k, b + k = c + j, c + j = d + i, k + b = l + a,$$

d'où

$$a + l = b + k = c + j = d + i \dots = l + a.$$

Le second membre de l'équation (e) se compose donc de
n binomes égaux à $a + l$ et conséquemment elle se réduit à

$$2 s = (a + l) n \quad \text{d'où} \quad s = \left(\frac{a + l}{2} \right) n.$$

1.er *Exemple*. La somme des termes de la progression

$$\div 5 \,.\, 8 \,.\, 11 \,.\, 14 \,.\, 17 \,.\, 20 \,.\, 23 \,.\, 26 \,.\, 29 \,.\, 32,$$

dont les termes extrêmes sont 5 et 32, et dont le nombre des termes est 10, est égale à $\left(\dfrac{5+32}{2}\right) . \; 10 = 185.$

2.e *Exemple*. Si l'on proposoit de sommer les 21 premiers termes de la progression $\div$ 15 . 11...., qui a pour premier terme 15 et pour raison $11 - 15 = - 4$; on observeroit d'abord que le 21.e terme est égal à $15 + 20 \times - 4$ $= - 65$, puis, l'on en concluroit que la somme cherchée est $\left(\dfrac{15-65}{2}\right) . \; 21 = -525.$

469. *La somme des* n *premiers nombres naturels est* *égale à* $\dfrac{n\,(n+1)}{2}$; car les n premiers nombres 1, 2, 3, 4 ,.... n forment une progression par différence dont les termes extrêmes sont 1 et n, d'où il suit que

$$1 + 2 + 3 + \ldots\ldots + n = \left(\frac{1+n}{2}\right) n = \frac{n\,(n+1)}{2}.$$

Ainsi la somme des 1000 premiers nombres est égale à

$$\frac{1000 \,.\, 1001}{2} = 500500.$$

470. *La somme des* n *premiers nombres impairs est* *égale à* n^2. Car les n premiers nombres impairs 1, 3, 5, 7.... constituent une progression par différence, qui a pour premier terme 1, pour raison 2 et pour dernier terme $1 + (n-1) \,.\, 2 = 2\,n - 1$; donc

$$1 + 3 + 5 + 7.... + (2\,n - 1) = \left(\frac{1+2\,n-1}{2}\right) n = n \,.\, n = n^2.$$

Ainsi, la somme des 100 premiers nombres impairs est égale à $100^2 = 10000.$

471. Insérer m moyens arithmétiques entre deux quantités, *c'est y intercaller* m *termes, de manière que le système de ces* m $+$ 2 *termes constitue une progression par différence.*

472. Problème. *Insérer* m *moyens arithmétiques entre les deux quantités* a *et* l. Cette question consiste évidemment à trouver la raison r d'une progression par différence composée de $m + 2$ termes et ayant pour termes extrêmes les quantités a et l. Or, le terme l, étant du rang $m + 2$, est précédé de $m + 1$ termes, et, en vertu de la première formule de ce paragraphe, l'on a l'équation

$$l = a + (m + 1)\, r \quad \text{d'où} \quad r = \frac{l - a}{m + 1};$$

ainsi, *la raison cherchée est égale à la différence des deux quantités données, divisée par le nombre des moyens à insérer, plus un.* Actuellement, pour obtenir les m moyens, il ne s'agit plus que de substituer cette valeur de r dans les m expressions

$$a + r, \; a + 2\, r, \; a + 3\, r, \dots\dots \; a + m\, r.$$

Si l'on suppose $m = 1$, il vient $r = \dfrac{l - a}{2}$ et le moyen demandé est égal à

$$a + \frac{l - a}{2} = \frac{a + l}{2}.$$

Exemple. Soit à insérer 7 moyens arithmétiques entre les nombres 3 et 19 ; on aura $r = \dfrac{19 - 3}{7 + 1} = \dfrac{16}{8} = 2$, et les 7 moyens cherchés seront 5, 7, 9, 11, 13, 15, 17.

473. *La moyenne arithmétique entre tous les termes d'une progression par différence est égale à la moyenne arithmétique entre les deux termes extrêmes.* Ce qui résulte immédiatement de l'équation

$$s = \left(\frac{a + l}{2}\right) n \quad \text{d'où l'on tire} \quad \frac{s}{n} = \frac{a + l}{2}.$$

III. *Problèmes sur les progressions par différence.*

474. Les formules fondamentales de la théorie des progressions

$$l = a + (n - 1)\, r \quad (f), \qquad 2s = (a + l)\, n \quad (g)$$

renfermant cinq quantités a, l, n, r et s, peuvent servir à déterminer deux d'entr'elles, quand on connoît les trois autres. De là résultent dix questions, dont les inconnues sont :

1.º a, l; 2.º a, n; 3.º a, r; 4.º a, s; 5.º l, n;
6.º l, r; 7.º l, s; 8.º n, r; 9.º n, s; 10.º r, s.

Avant de nous en occuper, nous ferons remarquer que les quantités a, l, r et s peuvent être quelconques, positives ou négatives, entières ou fractionnaires; mais que la quantité n doit être essentiellement un nombre entier positif.

475. PROBLÈME I. *Déterminer* a *et* l, *connoissant* n, r *et* s. Les formules du n.º précédent peuvent aisément se mettre sous la forme

$$ l - a = (n - 1)\, r, \quad l + a = \frac{2\,s}{n} ; $$

et, en faisant usage de la règle du n.º 5, on trouve sur-le-champ

$$ l = \frac{2\,s}{2\,n} + \frac{(n-1)\,r}{2} = \frac{2\,s + n\,(n-1)\,r}{2\,n} ; $$

$$ a = \frac{2\,s}{2\,n} - \frac{(n-1)\,r}{2} = \frac{2\,s - n\,(n-1)\,r}{2\,n} . $$

476. PROBLÈME II. *Déterminer* a *et* n, *connoissant* l, r *et* s. On tire de la formule (f)

$$ a = l + r - r\,n, \qquad (h) $$

et, en substituant dans la formule (g), l'on a

$$ 2\,s = (2\,l + r - r\,n)\, n, $$

équation du second degré par rapport à n, qui devient, par la préparation ordinaire,

$$ n^2 - \frac{(2\,l + r)}{r}\, n = - \frac{2\,s}{r}, $$

d'où l'on déduit

$$ n = \frac{2\,l + r \pm \sqrt{(2\,l + r)^2 - 8\,r\,s}}{2\,r} ; $$

si l'on porte maintenant cette valeur de n dans (h),

on trouve

$$a = \frac{r \mp \sqrt{(2\,l + r)^2 - 8\,r\,s}}{2}.$$

Lorsque l'expression $(2\,l + r)^2 - 8\,rs$ est négative, les valeurs des inconnues sont imaginaires et le problème est impossible ; si elle est positive, il y a, algébriquement parlant, deux solutions ; toutefois il ne faut point perdre de vue que l'on doit rejeter celles qui ne correspondent point à des valeurs entières et positives de n.

Si l'on pose $r = 2$, $l = 21$ et $s = 120$, les résultats précédens donnent : 1.° $n = 12$, $a = -1$; 2.° $n = 10$, $a = 3$. Ces deux solutions sont admissibles.

477. Problème III. *Déterminer* a *et* r, *connoissant* l, n *et* s. L'équation (g) fournit d'abord

$$a = \frac{2\,s - l\,n}{n};$$

multipliant ensuite l'équation (f) par n et éliminant a, on parvient à celle-ci :

$$l\,n = 2\,s - l\,n + n\,(n - 1)\,r, \quad \text{d'où} \quad r = \frac{2\,(l\,n - s)}{n\,(n - 1)}.$$

478. Problème IV. *Déterminer* a *et* s, *connoissant* l, n *et* r. Il faut prendre la valeur de a dans (f) et la substituer dans (g), ce qui donne

$$a = l - (n - 1)\,r, \quad s = \frac{(2\,l - (n - 1)\,r)}{2}\,n.$$

479. Problème V. *Déterminer* l *et* n, *connoissant* a, r *et* s. En suivant une marche tout à fait semblable à celle dont on a fait usage pour résoudre le problème II, on trouve

$$n = \frac{r - 2\,a \pm \sqrt{(r - 2\,a)^2 + 8\,r\,s}}{2\,r},$$

$$l = \frac{-r \pm \sqrt{(r - 2\,a)^2 + 8\,r\,s}}{2}.$$

Si l'on fait $a = 1$, $r = 3$ et $s = 70$, ces formules four-

nissent : $1.^o\ n = 7,\ l = 19$; $2.^o\ n = -6\frac{2}{3},\ l = -22$;
la deuxième solution est évidemment inadmissible.

480. **Problème VI.** *Déterminer* l *et* r, *connoissant* a, n *et* s. En procédant comme dans le problème III, on obtient

$$l = \frac{2s - an}{n}, \quad r = \frac{2(s - an)}{n(n-1)}.$$

481. **Problème VII.** *Déterminer* l *et* s *connoissant* a, n *et* r. L'inconnue l se détermine par la première formule

$$l = a + (n-1)r,$$

et, en portant cette valeur dans la seconde, l'on a

$$s = \frac{(2a + (n-1)r)}{2} n,$$

expression employée fréquemment pour sommer une progression par différence dont on connoît le premier terme, la raison et le nombre des termes.

Soit, pour exemple, à sommer les 12 premiers termes de la progression $\div 5 . 9 \ldots$; on aura $a = 5$, $r = 4$, $n = 12$, et par suite

$$s = \frac{(2 \times 5 + 11 \times 4)}{2} . 12 = 324.$$

482. **Problème VIII.** *Déterminer* n *et* r, *connoissant* a, l, *et* s. On tire de (g)

$$n = \frac{2s}{a+l};$$

mettant cette valeur dans (f), puis, résolvant l'équation résultante relativement à r, on trouve

$$r = \frac{(l+a)(l-a)}{2s - (a+l)} = \frac{l^2 - a^2}{2s - a - l}.$$

483. **Problème IX.** *Déterminer* n *et* s, *connoissant* a, l *et* r. La formule (f) fournit

$$n - 1 = \frac{l-a}{r}, \quad \text{d'où} \quad n = \frac{l - a + r}{r};$$

et, en substituant dans (*g*), il vient

$$s = \frac{(l + a)\,(l - a + r)}{2\,r}.$$

484. **Problème X.** *Déterminer* r *et* s, *connoissant* a, l *et* n. Les équations (*f*) et (*g*) donneront immédiatement

$$r = \frac{l - a}{n - 1}, \quad s = \frac{(a + l)\,n}{2}.$$

IV. *Exercices.*

485. **Problème.** *Étant donnée la progression* $\div$ 7 . 10..., *on demande* : 1.° *le* 23.ᵉ *terme* ; 2.° *la somme des* 17 *premiers termes* ; 3.° *la somme des termes compris entre les* 7.ᵉ *et* 19.ᵉ *termes.* Rép. 1.° 73 ; 2.° 527 ; 3.° 473.

486. **Problème.** *On demande combien de coups une horloge sonne en douze heures ?* Rép. 78.

487. **Problème.** *Quelqu'un achète un cheval, sous la condition que pour le* 1.ᵉʳ *clou il paiera* 0 *fr.* 25, *pour le* 2.ᵉ 0, 40, *pour le* 3.ᵉ 0, 55, *et pareillement toujours* 0, 15 *de plus pour chacun des suivans ; le cheval a* 32 *clous : combien coûtera-t-il à l'acheteur ?* Rép. 82 fr. 40.

488. **Problème.** *Un voyageur a parcouru* 198 *lieues dans* 33 *jours, en faisant chaque jour un quart de lieue de plus que dans le jour précédent ; combien a-t-il fait de lieues le premier et le dernier jour ?* Rép. 2 *et* 10 *lieues.*

489. **Problème.** *Partager* 95 *fr. entre* 5 *personnes de manière que chacune ait* 5 *fr. de moins que la précédente.* Rép. *Les parts sont :* 29, 24, 19, 14, 9.

490. **Problème.** *Insérer* 5 *moyens arithmétiques entre les nombres* 11 *et* 32. Rép. *Ces moyens sont :* 1.° 14, 5; 2.° 18; 3.° 21, 5 ; 4.° 25 ; 5.° 28, 5.

491. **Problème.** *Un lévrier fait* 60 *sauts dans la* 1.ʳᵉ *minute de sa course,* 55 *dans la* 2.ᵉ, 50 *dans la* 3.ᵉ *et pareillement toujours* 5 *sauts de moins dans chacune des*

suivantes, combien fera-t-il de sauts avant de s'arrêter ?
Rép. 3yo.

492. **Problème.** *Trouver quatre termes en progression par différence, sachant que le produit des extrêmes est 70 et que celui des moyens est 88.* Rép. ÷ 5 . 8 . 11 . 14.

493. **Problème.** *Déterminer les élémens d'une progression par différence, connoissant : 1.° le nombre des termes* $2n$; *2.° la moyenne arithmétique* m *entre les termes de rang impair; 3.° la moyenne* m' *entre les termes de rang pair.* Rép. En conservant les notations de ce chapitre, l'on a

$$a = m - n\,(m - m'),\ l = m' + n.\,(m - m')$$
$$r = m - m',\qquad s = (m + m')\,n.$$

494. **Problème.** *Une droite, longue de* a *mètres, étant divisée en* m *parties égales, on propose de trouver 1.° un point tel que la somme de ses distances aux* m + 1 *points de cette droite (en y comprenant ses extrémités) soit la plus petite possible ; 2.° l'expression de cette plus petite somme.* Rép. 1.° *Si* m *est pair, le point cherché se trouve au milieu de la droite donnée ; si* m *est impair, les deux points de division les plus voisins de ce milieu et tous les points intermédiaires jouissent de la propriété demandée ; 2.° l'expression de la plus petite somme est*

$$\frac{(m + 2)\,a}{4}\ \text{si m est pair, et}\ \frac{(m + 1)^2\,a}{4\,m}\ \text{si m est impair.}$$

495. **Démontrer que** *si l'on insère le même nombre de moyens arithmétiques entre tous les termes d'une progression par différence, considérés deux à deux ; l'ensemble de ces termes et des moyens insérés constitue une progression unique.*

CHAPITRE IV.

PROGRESSIONS PAR QUOTIENT.

I. *Définition et notation.*

496. *Une progression géométrique* ou *par quotient* est une suite de termes dont chacun est égal à celui qui le précède, multiplié par une quantité invariable que l'on appelle *raison*. Ainsi, soient

$$a\,r = b, \quad b\,r = c, \quad c\,r = d, \quad d\,r = e, \quad e\,r = f, \ldots$$

les termes $a, b, c, d, e, f, \ldots$ forment une progression par quotient dont la raison est r.

Lorsque la raison r est positive, tous les termes de la progression sont de même signe ; quand elle est négative, ils sont alternativement positifs et négatifs.

497. Une progression par quotient est dite *croissante* ou *décroissante*, selon que la valeur numérique de la raison est plus grande ou plus petite que l'unité ; les deux progressions

$$3, \quad 6, \quad 12, \quad 24, \quad 48, \quad 96, \ldots\ldots$$

$$5, \ -\frac{5}{2}, \quad \frac{5}{4}, \ -\frac{5}{8}, \quad \frac{5}{16}, \ -\frac{5}{32}, \ldots\ldots$$

sont l'une croissante et l'autre décroissante ; la raison de la première est $6 : 3 = 2$; celle de la seconde est

$$-\frac{5}{2} : 5 = -\frac{1}{2}.$$

498. *Un terme quelconque d'une progression par quotient est égal à la moyenne proportionnelle entre celui qui le précède et celui qui le suit.* Car, soient f, g et h trois termes consécutifs quelconques d'une telle suite, l'on a, en représentant la raison par r,

$$f\,r = g, \quad g\,r = h,$$

et, en divisant ces équations membre à membre,

$$\frac{f}{g} = \frac{g}{h},$$

d'où (421)

$$f : g :: g : h \quad \text{ou} \quad \div f : g : h.$$

499. Pour exprimer qu'une suite de termes constitue une progression par quotient, *on les écrit les uns à la suite des autres, en les séparant par deux points qui signifient est à, et l'on fait précéder le premier terme de quatre points séparés deux à deux par un trait horizontal.* Ainsi, l'expression

$$\div a : b : c : d : e : f :....$$

indique que les quantités a, b, c, d, e, f,.... sont en progression par quotient, et s'énonce : a *est à* b *est à* c *est à* d *est à* e *est à* f.... Cette notation résulte de la proposition précédente et de celle adoptée dans le n.° 428.

II. Formules fondamentales.

500. Ire FORMULE. *Un terme quelconque d'une progression par quotient est égal au premier, multiplié par la raison élevée à la puissance marquée par le nombre des termes qui le précèdent.* Soient r la raison et l le $n.^{\text{ème}}$ terme de la progression

$$\div a : b : c : d : e.....: j : k : l :....;$$

on aura les $n - 1$ équations (496)

$$b = a\,r, c = b\,r, d = c\,r, e = d\,r,.... k = j\,r, l = k\,r,$$

et en les multipliant,

$$b\,c\,d\,e..... k\,l = a\,b\,c\,d..... j\,k\,r^{\,n-1}$$

d'où, en divisant par $b\,c\,d\,e.... k$,

$$l = a\,r^{\,n-1},$$

ce qui démontre le principe énoncé.

Si l'on fait dans cette formule $n = 1, n = 2, n = 3, n = 4,...$
l représente successivement les divers termes de la progres-

sion et l'on trouve

$$a = a,\ b = a\,r,\ c = a\,r^2,\ d = a\,r^3,\dots$$

c'est pourquoi l'on donne à cette expression le nom de *terme général du rang* n.

1.er *Exemple.* Le 7.e terme de la progression $\div 3 : 6 : \dots$, dont le premier terme est 3 et dont la raison est $6 : 3 = 2$, est égal à $3 \times 2^6 = 192$.

2.e *Exemple.* Le 6.e terme de la progression $\div 2 : -3 : \dots$ qui a pour premier terme 2 et pour raison $-3 : 2 = -\dfrac{3}{2}$, est égal à $2\left(-\dfrac{3}{2}\right)^5 = -\dfrac{243}{16} = -15\,\dfrac{3}{16}.$

501. 2.e Formule. *La somme des termes d'une progression géométrique est égale au quotient que l'on obtient, en divisant, par la raison moins l'unité, le produit du dernier terme par la raison diminué du premier terme.* Considérons la progression

$$\div a : b : c : d : \dots\dots : i : j : k : l,$$

et posons

$$s = a + b + c + d + \dots + i + j + k + l;$$

d'où résulte, en multipliant par la raison r,

$$sr = ar + br + cr + dr + \dots + ir + jr + kr + lr;$$

retranchant la première équation de la seconde, mettant s en facteur dans le premier membre et observant, relativement au dernier, que $ar = b,\ br = c,\ cr = d,\dots kr = l$, il vient

$$s\,(r-1) = lr - a \quad \text{d'où} \quad s = \frac{lr - a}{r-1}.$$

1.er *Exemple.* La somme des termes de la progression

$$\div 3 : 6 : 12 : 24 : 48 : 96 : 192 : 384,$$

dans laquelle $a = 3,\ l = 384,\ r = 2$, est égale à $\dfrac{384 \times 2 - 3}{2 - 1} = 765.$

2.e *Exemple.* Soit à sommer les 9 premiers termes de la progression $\div 1 : -3 : \dots\dots$; on observera d'abord qu'ici

$a = 1$, $r = -3$, et que le $9.^e$ terme $= 1 \times (-3)^8$
$= 6561$; puis, on en conclura que la somme cherchée est
$$\frac{6561 \times -3 - 1}{-3 - 1} = 4921.$$

502. Insérer m moyens proportionnels entre deux quantités, *c'est y intercaller* m *termes, tels que l'ensemble des* m $+$ 2 *termes constitue une progression par quotient.*

503. PROBLÈME. *Insérer* m *moyens proportionnels entre les deux quantités* a *et* l. Cette question se réduit évidemment à trouver la raison r d'une progression par quotient, dont les extrêmes sont a et l et dont le nombre des termes est $m + 2$; or, le terme l, étant du rang $m + 2$, se trouve précédé de $m + 1$ termes, et par conséquent l'on a (500)
$$l = a\, r^{m+1},$$
d'où l'on tire, en divisant par a et en extrayant la racine du degré $m + 1$ des deux membres,
$$r = \sqrt[m+1]{\frac{l}{a}};$$
ainsi, *la raison cherchée s'obtient en extrayant du rapport des deux quantités* l *et* a *la racine marquée par le nombre des moyens à insérer, plus un.* La raison r étant déterminée, les m moyens sont visiblement
$$a\,r,\ a\,r^2,\ a\,r^3,\ldots\ldots\ldots\ a\,r^m.$$
Si l'on suppose $m = 1$, il vient
$$r = \sqrt{\frac{l}{a}},$$
et le moyen demandé est
$$a\,\sqrt{\frac{l}{a}} = \sqrt{a\,l}.$$

Exemple. Soit à insérer 7 moyens entre les nombres 5 et 1280, on aura $a = 5$, $l = 1280$, $m = 7$, et par suite
$$r = \sqrt[8]{\frac{1280}{5}} = \sqrt[8]{256} = 2;$$

donc les 7 moyens cherchés sont 10, 20, 40, 80, 160, 320 et 640.

504. *La moyenne proportionnelle entre tous les termes d'une progression par quotient est égale à la moyenne proportionnelle entre les termes extrêmes.* En effet, si l'on représente par r la raison de la progression

$$\div a : b : c : d : \ldots\ldots\ldots : l$$

on a les équations suivantes

$$a = a,\ b = ar,\ c = ar^2,\ d = ar^3, \ldots\ldots l = ar^{n-1},$$

et, en faisant leur produit,

$$a\,b\,c\,d\ldots\ldots l = a \times ar \times ar^2 \times ar^3 \times \ldots\ldots \times ar^{n-1}$$

$$= a \times a \times a \times \ldots\ldots \times a \times r \times r^2 \times r^3 \times \ldots\ldots \times r^{n-1},$$

ou bien, en observant que $1 + 2 + 3 + \ldots\ldots + (n-1)$

$$= \frac{n\,(n-1)}{2},$$

$$a\,b\,c\,d\ldots\ldots l = a^n\, r^{\frac{n\,(n-1)}{2}};$$

si l'on extrait actuellement la racine du degré n, il vient

$$\sqrt[n]{a\,b\,c\,d\ldots\ldots l} = a\,r^{\frac{n-1}{2}} = \sqrt{a \times ar^{n-1}} = \sqrt{a\,l}.$$

III. *Progressions par quotient décroissantes à l'infini.*

505. *La somme des termes d'une progression décroissante, prolongée à l'infini, est égale au quotient du premier terme divisé par l'unité diminuée de la raison.* Soient

$$\div a : ar : ar^2 : ar^3 : \ldots\ldots \qquad (a)$$

Une telle progression et L la somme de tous ses termes, dont le dernier $a\,r^\infty$ peut être considéré comme moindre que toute quantité assignable, attendu que l'on suppose $r < 1$ et que les puissances successives d'une fraction diminuent de plus en plus et tendent vers zéro (90). L'équation

$$\text{L} = a + ar + ar^2 + ar^3 + \ldots\ldots$$

multipliée par r devient

$$\text{L}r = ar + ar^2 + ar^3 + ar^4 + \ldots\ldots;$$

retranchant celle-ci de la première, on obtient

$$\mathrm{L}\,(1 - r) = a \quad \text{d'où} \quad \mathrm{L} = \frac{a}{1 - r}.$$

Si l'on divise a par $1 - r$, on retrouve effectivement la suite indéfinie $a + a\,r + a\,r^2 + a\,r^3 + \ldots$

Soit, pour exemple, à sommer la progression décroissante à l'infini

$$\div\; 1 : \frac{1}{2} : \frac{1}{4} : \frac{1}{8} : \frac{1}{16} : \ldots ;$$

il faudra faire, dans la formule précédente, $a = 1$ et $r = \frac{1}{2}$, ce qui donnera

$$\mathrm{L} = 1 : \left(1 - \frac{1}{2}\right) = 2 : (2 - 1) = 2.$$

C'est ce que l'on peut d'ailleurs facilement vérifier en observant que

$$2 = 1 + 1, \; 1 = \frac{1}{2} + \frac{1}{2}, \; \frac{1}{2} = \frac{1}{4} + \frac{1}{4}, \; \frac{1}{4} = \frac{1}{8} + \frac{1}{8}, \ldots$$

d'où il résulte, par des substitutions successives,

$$2 = 1 + \frac{1}{2} + \frac{1}{4} + \frac{1}{8} + \ldots$$

506. Voici une autre manière de parvenir à la même formule qu'il est important de connoître. Soit s_n la somme des n premiers termes $a, a\,r, a\,r^2 \ldots a\,r^{n-1}$ de la progression décroissante (a), on aura (501)

$$s_n = \frac{a\,r^{n-1} \cdot r - a}{r - 1} = \frac{a - a\,r^n}{1 - r},$$

ou bien, en décomposant le dernier membre,

$$s_n = \frac{a}{1 - r} - \frac{a}{1 - r}\,r^n ;$$

actuellement, si l'on pose $n = \infty$, auquel cas $r^{\infty} = 0$ et $s_{\infty} = \mathrm{L}$, il vient, comme on l'a déjà trouvé,

$$\mathrm{L} = \frac{a}{1 - r}.$$

En retranchant la valeur de s_n de celle de L, on a

$$ \text{L} - s_n = \frac{a}{1 - r} r^n, \qquad\qquad (b) $$

ce qui fait voir que la valeur numérique de la différence L $-$ s_n décroit à mesure que n augmente, et que l'on ne peut avoir L $-$ $s_n =$ o ou L $= s_n$ que lorsque $n = \infty$. L'expression L vers laquelle convergent les sommes $s_1, s_2, s_3, s_4,....$ est donc la *limite* de la quantité variable s_n.

Lorsque r est positif, le premier membre L $-$ s_n a toujours le même signe que a, quel que soit n; conséquemment les sommes $s_1, s_2, s_3,......$ sont toutes plus petites ou plus grandes que L, suivant que a est positif ou négatif.

Quand au contraire r est négatif, les puissances successives de r et par suite les valeurs de L $-$ s_n sont alternativement positives et négatives; de sorte que la limite L est constamment comprise entre deux valeurs consécutives de s_n.

5o7. Soit fait $r = $ 1 dans l'équation identique

$$ \frac{a}{1 - r} = a + ar + ar^2 + ar^3 + ar^4 + ...; $$

elle produit

$$ \frac{a}{0} = a + a + a + a + a + ... = \infty, $$

résultat qui a déjà été établi ailleurs.

Soit encore fait $r = -$ 1 ; elle devient

$$ \frac{a}{2} = a - a + a - a + a - ....; $$

ici, l'on a évidemment $s_1 = a, s_2 = $ o, $s_3 = a, s_4 = $ o ,..... mais l'équation (b), se changeant en

$$ \text{L} - s_n = \frac{a}{2} (-1)^n, $$

apprend que l'erreur commise est alternativement $\dfrac{a}{2}$ et $-\dfrac{a}{2}$.

5o8. Si la raison r est numériquement plus grande que l'unité, auquel cas la progression est croissante, le second membre de l'équation (b) et par suite le premier $\mathrm{L} - s_n$, croît, abstraction faite des signes, en même temps que n; de sorte qu'en posant $n = \infty$, cette différence surpasse toute quantité imaginable. On voit donc que dans cette hypothèse, les sommes $s_1, s_2, s_3, \ldots\ldots$ diffèrent de plus en plus de l'expression L, qui ne sauroit alors être considérée comme leur limite. Il s'ensuit que la somme des termes d'une progression croissante, prolongée à l'infini, est elle-même infinie.

5o9. On peut employer la formule précédente pour réduire en fraction ordinaire une fraction périodique donnée; prenons pour exemple la fraction décimale $0,777\ldots\ldots$; nous aurons

$$0,777\ldots\ldots = \frac{7}{10} + \frac{7}{100} + \frac{7}{1000} + \ldots = \frac{7}{10} : \left(1 - \frac{1}{10}\right) = \frac{7}{9}.$$

En général, soit p un nombre entier composé de n chiffres et considérons la fraction décimale périodique $o, ppp\ldots\ldots$; nous aurons également

$$o,ppp\ldots = \frac{p}{10^n} + \frac{p}{10^{2n}} + \frac{p}{10^{3n}}\ldots = \frac{p}{10^n} : \left(1 - \frac{1}{10^n}\right) = \frac{p}{10^{n-1}}.$$

Ce qui conduit à la règle connue, laquelle consiste, comme on le sait, à diviser la période par un nombre composé d'autant de 9 qu'elle contient de chiffres.

IV. *Problèmes sur les progressions par quotient.*

5ro. Les formules fondamentales de la théorie des progressions par quotient

$$l = a\,r^{n-1}, \quad (c) \qquad s\,(r - 1) = l\,r - a; \quad (d)$$

renfermant, comme celles des progressions par différence, cinq quantités a, l, n, r et s, peuvent servir à déterminer deux d'entr'elles, quand les trois autres sont connues. De là résultent dix questions analogues à celles du n.º 474.

La résolution des quatre problèmes dont les inconnues sont : 1.º a, n : 2.º l, n ; 3.º n, r ; 4.º n, s ; exigeant l'emploi des logarithmes, sera renvoyée à l'un des chapitres suivans.

511. PROBLÈME I. *Déterminer* a *et* l, *connoissant* n , r *et* s. Si l'on élimine l entre les équations (c) et (d), il vient

$$s\,(r-1) = a\,(r^n - 1) \quad \text{d'où} \quad a = \frac{s\,(r-1)}{r^n - 1},$$

et, en substituant dans (c),

$$l = \frac{s\,(r-1)\,r^{n-1}}{r^n - 1}.$$

512. PROBLÈME II. *Déterminer* a *et* r, *connoissant* l, n *et* s. L'équation (d) multipliée par r^{n-1} devient

$$s\,r^n - s\,r^{n-1} = l\,r^n - a\,r^{n-1}$$

et, en y remplaçant $a\,r^{n-1}$ par l,

$$s\,r^n - s\,r^{n-1} = l\,r^n - l \quad \text{ou} \quad (s-l)\,r^n - s\,r^{n-1} + l = 0;$$

il faudra donc, pour trouver l'inconnue r, résoudre une équation du degré n, après quoi, l'équation $a = l : r^{n-1}$ fera connoître la deuxième inconnue a.

513. PROBLÈME III. *Déterminer* a *et* s, *connoissant* l, n *et* r. La formule (c) fournit immédiatement la valeur de a, et la substitution de cette valeur dans la formule (d) donne s ; on trouve de cette manière

$$a = \frac{l}{r^{n-1}}, \qquad s = \frac{(r^n - 1)\,l}{(r-1)\,r^{n-1}}.$$

514. PROBLÈME IV. *Déterminer* l *et* r, *connoissant* a, n *et* s. Éliminant l entre (c) et (d), on a, pour résoudre ce problème, les deux équations

$$a\,r^n - s\,r + s - a = 0, \qquad l = a\,r^{n-1};$$

il dépend, comme celui du n.° 512, de la résolution d'une équation du degré n.

515. PROBLÈME V. *Déterminer* l *et* s, *connoissant* a, n *et* r. L'équation (c) donne la valeur de l, et cette valeur, substituée dans l'équation (d), conduit à celle de s. Ces valeurs sont

$$l = a\,r^{n-1}, \quad s = \frac{a\,(r^n - 1)}{r - 1}.$$

516. PROBLÈME VI. *Déterminer* r *et* s, *connoissant* a, l *et* n. On tire d'abord de l'équation (c)

$$r = \sqrt[n-1]{\frac{l}{a}};$$

si ensuite l'on substitue dans l'équation (d), il vient, après avoir multiplié par $\sqrt[n-1]{a}$,

$$s\left(\sqrt[n-1]{l} - \sqrt[n-1]{a}\right) = l\sqrt[n-1]{l} - a\sqrt[n-1]{a}, \text{ d'où } s = \frac{l\sqrt[n-1]{l} - a\sqrt[n-1]{a}}{\sqrt[n-1]{l} - \sqrt[n-1]{a}}.$$

517. Le premier terme a, la raison r et la somme L de tous les termes d'une progression par quotient décroissante à l'infini, étant liés par la relation

$$\mathrm{L} = \frac{a}{1 - r},$$

on pourra également, lorsqu'on connoîtra deux de ces quantités, déterminer la troisième. De là résultent trois questions qui sont résolues par les formules suivantes

$$1.^{\mathrm{o}}\ \mathrm{L} = \frac{a}{1 - r}; \quad 2.^{\mathrm{o}}\ r = \frac{\mathrm{L} - a}{\mathrm{L}}; \quad 3.^{\mathrm{o}}\ a = \mathrm{L}\,(1 - r).$$

V. *Exercices.*

518. PROBLÈME. *Étant donnée la progression* $\div\ 3 : 6 :...,$ *on demande :* 1.° *le* 13.e *terme ;* 2.° *la somme des* 24 *premiers termes ;* 3.° *la somme des termes compris entre les*

6.e *et* 28.e *termes.* Rép. 1.º 12288 ;   2.º 50331645 ; 3.º 402652992.

519. Problème. *Insérer* 5 *moyens proportionnels entre les nombres* 7 *et* 28672. Rép. *Ces moyens sont :* 28 , 112 , 448 , 1792 , 7168.

520. Problème. *Trouver une moyenne proportionnelle entre les* 7 *premiers termes de la progression* $\div$ 5 : 15 :.... Rép. 135.

521. Problème. *Sommer les progressions décroissantes à l'infini* $\div$ 1 : $\frac{1}{3}$: .....,$\div$ 1 : $-\frac{1}{3}$:....Rép. 1.º $\frac{3}{2}$;   2.º $\frac{3}{4}$.

522. Problème. *Trouver quatre termes en progression par quotient , tels que la somme des deux premiers soit* 8 *et que celle des deux derniers soit* 72. Rép. *Il y a deux solutions :*

1.º $\div$ 2 : 6 : 18 : 54 ,   2.º $\div$ $-$ 4 : 12 : $-$ 36 : 108.

523. Problème. 1.º *Trouver la somme* s *des* n *premiers termes de la suite* $1 + 2x + 3x^2 + 4x^3 + 5x^4 + ...$; 2.º *sommer la suite indéfinie* $1 + \frac{2}{3} + \frac{3}{3^2} + \frac{4}{3^3} + ...$

$$\text{Rép. 1.}^o \; s = \frac{n x^{n+1} - (n+1) x^n + 1}{(x-1)^2} \; ; \; 2.^o \quad 2\frac{1}{4}.$$

524. Problème. *Déterminer les élémens d'une progression par quotient, connoissant :* 1.º *le nombre des termes* 2n; 2.º *la moyenne proportionnelle* m *entre les termes de rang impair;* 3.º *la moyenne proportionnelle* m' *entre les termes de rang pair.* Rép. En conservant les notations de ce chapitre, l'on a

$$a = \frac{m'^n}{m^{n-1}}, l = \frac{m^n}{m'^{n-1}}, r = \frac{m}{m'}, s = \frac{m^{2n} - m'^{2n}}{m^{n-1} m'^{n-1} (m - m')}.$$

525. Démontrer que *si l'on insère le même nombre de moyens proportionnels entre tous les termes d'une progression par quotient, considérés deux à deux, l'ensemble de ces termes et des moyens insérés constitue une progression unique.*

CHAPITRE V.

THÉORIE DES LOGARITHMES.

I. *Notions préliminaires.*

526. On appelle *logarithme* d'un nombre l'exposant de la puissance à laquelle il faut élever une quantité invariable pour produire ce nombre. **La quantité invariable** prend le nom de *base*.

Soient a la base et x l'exposant de la puissance à laquelle il faut élever a pour obtenir y, en sorte que l'on ait $y = a^x$; x sera le logarithme de y relatif à la base a, ce que l'on est convenu d'écrire ainsi : $log\ y = x$.

Réciproquement, de l'équation $log\ y = x$ on peut déduire $y = a^x$, en désignant toujours par a la base par rapport à laquelle le logarithme de y a été pris.

527. En vertu de cette définition, l'on a encore, quel que soit le nombre représenté par y, l'équation identique

$$y = a^{\,log\ y},$$

dont on fera souvent usage par la suite.

528. Supposons que, dans l'équation $y = a^x$, l'on fasse passer y successivement par tous les états de grandeur et que, par un procédé quelconque, on parvienne à calculer les valeurs correspondantes de x ; l'ensemble des valeurs de y et de x constituera le *système de logarithmes dont la base est* a.

Comme on peut répéter la même série d'opérations en attribuant à la base a telle valeur que l'on voudra, il s'ensuit qu'*il existe une infinité de systèmes de logarithmes.*

529. *L'unité ne peut être prise pour base d'un système de logarithmes ;* car, en faisant varier x dans l'équation $y = 1^x$, on obtient constamment $y = 1$; ainsi, l'unité

auroit une infinité de logarithmes tandis que les autres nombres n'en auroient pas.

53o. *Dans tout système de logarithmes, le logarithme de l'unité est égal à zéro ;* car, quelle que soit la valeur de la base a, l'on a $1 = a^0$, d'où l'on tire, à cause de la définition des logarithmes, $log\ 1 = 0$.

531. *Dans tout système de logarithmes, le logarithme de la base est égal à l'unité;* car, quelle que soit la base a, l'on a $a = a^1$ d'où l'on conclut $log\ a = 1$.

532. Nous distinguerons *deux cas* relativement aux divers systèmes de logarithmes : 1.° *celui où la base est plus grande que l'unité ;* 2.° *celui où la base est plus petite que l'unité.*

Nous n'examinerons point les systèmes de logarithmes à bases négatives, attendu qu'ils sont rarement employés et qu'ils présentent des difficultés étrangères aux élémens.

533. 1.er C**as**. *Dans tout système de logarithmes dont la base est plus grande que l'unité: 1.° les logarithmes des nombres plus grands que l'unité sont positifs et d'autant plus grands que ces nombres sont plus grands eux-mêmes, en sorte que le logarithme de l'infini est égal à l'infini positif ; 2.° les logarithmes des nombres plus petits que l'unité sont négatifs et d'autant plus grands, abstraction faite des signes, que ces nombres sont plus petits, en sorte que le logarithme de zéro est égal à l'infini négatif.*

1.° Si l'on fait successivement

$$x = 0,\ x = 1,\ x = 2,\ x = 3,\ \ldots\ldots\ x = \infty,$$

dans l'équation $y = a^x$, on trouve pour y les valeurs croissantes

$$y = 1,\ y = a,\ y = a^2,\ y = a^3,\ \ldots\ldots\ y = a^\infty = \infty\ ;$$

on a donc, en vertu de la définition des logarithmes,

$$log\ 1 = 0,\ log\ a = 1,\ log\ a^2 = 2,\ log\ a^3 = 3,\ldots log\ \infty = \infty\ ;$$

d'où il suit que les nombres compris entre 1 et a, a et a^2, a^2 et a^3,...... ont leurs logarithmes compris entre 0 et 1, 1 et 2, 2 et 3,..........; ce qui prouve la première partie de l'énoncé.

2.º Si l'on pose, dans la même équation $y = a^x$,

$$x = 0, x = -1, x = -2, x = -3,..... x = -\infty,$$

on obtient pour y, en observant que $a^{-x} = \dfrac{1}{a^x}$, les valeurs décroissantes

$$y = 1, \ y = \frac{1}{a}, \ y = \frac{1}{a^2}, \ y = \frac{1}{a^3}, \ .... y = \frac{1}{a^\infty} = 0;$$

d'où l'on conclut

$$log\, 1 = 0, \ log\, \frac{1}{a} = -1, log\frac{1}{a^2} = -2, \ log\frac{1}{a^3} = -3,.. log\, 0 = -\infty;$$

conséquemment, les fractions comprises entre 1 et $\dfrac{1}{a}, \dfrac{1}{a}$ et $\dfrac{1}{a^2}$,

$\dfrac{1}{a^2}$ et $\dfrac{1}{a^3}$,..... ont leurs logarithmes compris entre 0 et -1,

-1 et -2, -2 et -3, ... ce qui prouve la deuxième partie.

534. 2.ᵉ **Cas.** *Dans tout système de logarithmes dont la base est plus petite que l'unité: 1.º les logarithmes des nombres plus grands que l'unité sont négatifs et d'autant plus grands, abstraction faite des signes, que ces nombres sont plus grands, en sorte que le logarithme de l'infini est égal à l'infini négatif; 2.º les logarithmes des nombres plus petits que l'unité sont positifs et d'autant plus grands que ces nombres sont plus petits, en sorte que le logarithme de zéro est égal à l'infini positif.*

En effet, si l'on pose

$$1.º \ x = 0, x = -1, x = -2, x = -3,....... x = -\infty,$$
$$2.º \ x = 0, x = 1, \quad x = 2, \quad x = 3,......... \quad x = \infty,$$

dans l'équation $y = a^x$, on trouve (90)

$$1.º \ y = 1, y = \frac{1}{a}, \ y = \frac{1}{a^2}, y = \frac{1}{a^3},...... y = \frac{1}{a^\infty} = \infty,$$

$$2.º \ y = 1, \ y = a, \ y = a^2, \ y = a^3,...... y = a^\infty = 0,$$

d'où l'on déduit par la définition des logarithmes

$$1.º log\, 1 = 0, log\frac{1}{a} = -1, log\frac{1}{a^2} = -2, log\frac{1}{a^3} = -3,... log\, \infty = -\infty,$$

$$2.º log\, 1 = 0, log\, a = 1, \ log\, a^2 = 2, \ log\, a^3 = 3,....... log\, 0 = \infty;$$

de là il suit 1.º que les nombres compris entre les expressions croissantes 1 et $\frac{1}{a}$, $\frac{1}{a}$ et $\frac{1}{a^2}$, $\frac{1}{a^2}$ et $\frac{1}{a^3}$,... ont leurs logarithmes compris entre 0 et -1, -1 ét -2, -2 et -3,......; 2.º que les fractions comprises entre les expressions décroissantes 1 et a, a et a^2, a^2 et a^3,...... ont leurs logarithmes compris entre 0 et 1, 1 et 2, 2 et 3,......

535. *Dans tout sytème de logarithmes à base positive, les logarithmes des nombres négatifs sont imaginaires.* Car, en faisant passer x par tous les états de grandeur depuis $x = -\infty$ jusqu'à $x = \infty$, l'équation $y = a^x$ n'a fourni pour y que des valeurs positives. Conséquemment, si y est négatif, la valeur correspondante de x ne peut être ni positive ni négative ; donc elle est imaginaire.

536. Si l'on réduit en décimales tous les logarithmes d'un système, chacun d'eux se trouve composé d'un nombre entier que l'on appelle *caractéristique* et d'une fraction décimale ; ces deux parties ont essentiellement le même signe, mais elles peuvent être nulles individuellement.

Si l'on représente par x le logarithme de 11 dans le système qui a pour base 2, on a $11 = 2^x$ et l'on voit sur-le-champ que la valeur de x est comprise entre 3 et 4, puisque 11 est $> 2^3$ ou 8 et que 11 est $< 2^4$ ou 16 ; ainsi, le logarithme de 11 est égal à 3 plus une fraction ; la caractéristique de ce logarithme est donc 3.

II. *Propriétés des logarithmes.*

537. *Le logarithme d'un produit est égal à la somme des logarithmes de ses facteurs.*

Réciproquement, *la somme des logarithmes de plusieurs quantités est égale au logarithme du produit de ces quantités.*

Soient un nombre quelconque de quantités représentées par y, y', y'',........, et a la base du système dans lequel on prend les logarithmes ; on aura identiquement (527)

$$y = a^{\log y}, y' = a^{\log y'}, y'' = a^{\log y''}, \ldots\ldots$$

et, en multipliant ces équations,

$$yy'y''\ldots = a^{\log y} \times a^{\log y'} \times a^{\log y''} \times \ldots\ldots\ldots\ldots$$
$$= a^{\log y + \log y' + \log y'' + \ldots}$$

d'où l'on tire, à cause de la définition des logarithmes,

$$\log y\, y'\, y''\ldots\ldots = \log y + \log y' + \log y'' + \ldots\ldots$$

La réciproque a lieu, car en transposant les membres de la dernière des équations précédentes, il vient

$$\log y + \log y' + \log y'' + \ldots\ldots = \log y\, y'\, y''\ldots\ldots$$

538. *Le logarithme du quotient d'une division est égal au logarithme du dividende moins le logarithme du diviseur.*

Réciproquement, *la différence des logarithmes de deux quantités est égale au logarithme du quotient de la première divisée par la seconde.*

Si l'on désigne par y et y' deux quantités quelconques, on aura identiquement

$$y = a^{\log y}, y' = a^{\log y'},$$

et, en divisant les équations membre à membre,

$$\frac{y}{y'} = a^{\log y} : a^{\log y'} = a^{\log y - \log y'}$$

d'où, par la définition des logarithmes,

$$\log \frac{y}{y'} = \log y - \log y'. \qquad (a)$$

Arrêtons-nous un instant à la discussion de ce résultat ; si l'on suppose d'abord $y' = y$, il vient

$$\log \frac{y}{y} = \log y - \log y \quad \text{ou} \quad \log 1 = 0,$$

ce que l'on sait déjà.

Dans le cas où la base a est plus grande que l'unité, si y est $> y'$, $\log y$ est aussi $> \log y'$ et par suite $\log \dfrac{y}{y'}$ est positif ; si y est $< y'$, $\log y$ est $< \log y'$ et $\log \dfrac{y}{y'}$ est négatif , ce qui s'accorde parfaitement avec l'énoncé du n.º 533.

Dans le cas où la base est plus petite que l'unité, on obtient aisément des résultats absolument contraires aux précédens et conformes à ceux du n.º 534.

On démontre *la réciproque*, en renversant les membres de l'équation (*a*), ce qui donne

$$\log y - \log y' = \log \frac{y}{y'}.$$

539. *Le logarithme d'une expression fractionnaire est égal au logarithme du numérateur diminué du logarithme du dénominateur;* car, une telle expression est équivalente au quotient d'une division dont le dividende est le numérateur et dont le diviseur est le dénominateur.

540. *Le logarithme de la puissance* m *d'une quantité est égal à* m *fois le logarithme de cette quantité.*

Réciproquement, *si l'on multiplie le logarithme d'une quantité par* m , *le produit est égal au logarithme de la puissance* m *de cette quantité.*

Si l'on élève à la puissance *m* les deux membres de l'identité

$$y = a^{\log y}, \qquad\qquad (b)$$

il vient

$$y^{m} = (a^{\log y})^{m} = a^{m \log y},$$

d'où l'on tire (526)

$$\log y^{m} = m \log y \ \text{ et } \ m \log y = \log y^{m}.$$

541. *Le logarithme de la racine* m.^{ième} *d'une quantité est égal au logarithme de cette quantité divisé par* m.

Réciproquement, *si l'on divise le logarithme d'une quantité par* m , *le quotient est égal au logarithme de la racine* m.^{ième} *de cette quantité.*

En effet, si l'on extrait la racine m.^{ième} des deux membres de l'équation (*b*), on trouve

$$\sqrt[m]{y} = \sqrt[m]{a^{\log y}} = a^{\frac{\log y}{m}},$$

d'où résultent

$$\log \sqrt[m]{y} = \frac{\log y}{m} \quad \text{et} \quad \frac{\log y}{m} = \log \sqrt[m]{y}.$$

542. Voici deux exemples propres à faire concevoir le parti que l'on peut tirer des règles précédentes :

$$1.° \log \sqrt[5]{\frac{a\,b^2}{c^3\,d^4}} = \frac{1}{5} \log \frac{a\,b^2}{c^3\,d^4} = \frac{\log a\,b^2 - \log c^3\,d^4}{5}$$

$$= \frac{\log a + \log b^2 - \log c^3 - \log d^4}{5}$$

$$= \frac{\log a + 2 \log b - 3 \log c - 4 \log d}{5}$$

$$2.° \; 7 \log a + 4 \log b - \frac{2 \log c}{3} = \log a^7 + \log b^4 - \frac{\log c^2}{3}$$

$$= \log a^7\,b^4 - \log \sqrt[3]{c^2} = \log \frac{a^7\,b^4}{\sqrt[3]{c^2}}.$$

543. *Les logarithmes de quatre quantités en proportion par quotient constituent une équi-différence.* Car, en mettant la proportion $a : b :: c : d$ sous la forme

$$\frac{a}{b} = \frac{c}{d},$$

et en prenant les logarithmes des deux membres, il vient

$$\log \frac{a}{b} = \log \frac{c}{d} \quad \text{ou} \quad \log a - \log b = \log c - \log d,$$

d'où l'on peut conclure l'équi-différence

$$\log a \cdot \log b : \log c \cdot \log d.$$

544. *Les logarithmes de plusieurs quantités en progression par quotient forment une progression par différence.* Soit r la raison de la progression

$$\div a : b : c : d : e : \ldots\ldots,$$

on aura

$$b = a\,r, c = b\,r, d = c\,r, e = d\,r,\ldots\ldots$$

et, en prenant les logarithmes,

$$\log b = \log a + \log r, \quad \log c = \log b + \log r,$$

$$\log d = \log c + \log r, \quad \log e = \log d + \log r,\ldots\ldots$$

d'où résulte la progression par différence

$$\div log\ a\ .\ log\ b\ .\ log\ c\ .\ log\ d\ .\ log\ e\ ....$$

545. *Le logarithme de la moyenne proportionnelle entre plusieurs quantités est égal à la moyenne arithmétique entre les logarithmes de ces quantités.* En effet, si l'on désigne *m* quantités par $a, b, c,.... l$, on aura.

$$log\ \sqrt[m]{abc...l} = \frac{log\ abc...l}{m} = \frac{log\ a + log\ b + log\ c... + log\ l}{m}.$$

III. *Du système de logarithmes dont la base est* 10.

546. Parmi les systèmes de logarithmes, il en est un qui est spécialement usité et que pour cette raison il est essentiel d'étudier en particulier ; c'est celui dont la base est 10. Nous appellerons *logarithmes décimaux* les logarithmes de ce système, et pour les distinguer des autres, nous les exprimerons par la lettre unique *l*. Ainsi $l\,y$ signifiera *logarithme décimal de y*.

547. Le système des logarithmes décimaux jouit des propriétés communes à tous ceux dont la base est plus grande que l'unité. En conséquence, 1.º le logarithme décimal de zéro est égal à l'infini négatif ; 2.º les logarithmes décimaux des fractions sont négatifs ; 3.º le logarithme décimal de l'unité est égal à zéro ; 4.º les logarithmes décimaux des nombres plus grands que l'unité sont positifs ; 5.º le logarithme décimal de l'infini est égal à l'infini positif ; 6.º les logarithmes décimaux des nombres négatifs sont imaginaires.

548. 1.º *Le logarithme décimal de l'unité suivie de* n *zéros est égal à* n ; 2.º *le logarithme de l'unité du* n.^{ième} *ordre décimal est égal à* — n. En effet, l'on a

$$1 \text{ suivi de } n \text{ zéros} = 10^n,$$

$$\text{l'unité du } n.^{ième} \text{ ordre décimal} = \frac{1}{10^n} = 10^{-n};$$

et l'on tire de là, à cause de la définition des logarithmes décimaux ,

$$l \ (1 \text{ suivi de } n \text{ zéros}) = n,$$
$$l \ (\text{l'unité du } n.^{\text{ème}} \text{ ordre décimal}) = -n.$$

Si l'on fait dans ces résultats $n = 0, n = 1, n = 2, n = 3,\ldots$ il vient

$$l \ 1 = 0, \quad l \ 10 = 1, \quad l \ 100 = 2, \quad l \ 1000 = 3,\ldots\ldots$$
$$l \ 1 = 0, l \ 0,1 = -1, l \ 0,01 = -2, l \ 0,001 = -3,\ldots$$

549. *La caractéristique du logarithme décimal d'un nombre plus grand que l'unité se compose d'autant d'unités qu'il y a de chiffres moins un dans sa partie entière.* Soient p un tel nombre et n le nombre de chiffres que contient sa partie entière ; il est visible que p est tout au moins égal à l'unité suivie de $n-1$ zéros, et qu'en outre il est moindre que l'unité suivie de n zéros ; on a donc

$$p = \text{ou} > 10^{\,n-1}, \quad p < 10^{\,n},$$

puis, en prenant les logarithmes (548) ,

$$l \ p = \text{ou} > n-1, \quad l \ p < n ;$$

ainsi, $l \ p$, étant compris entre $n-1$ et n, est égal à $n-1$ plus une fraction ; donc la caractéristique de ce logarithme est $n-1$; c'est précisément ce qu'il falloit démontrer.

On voit, d'après cette proposition, que la caractéristique de l. 3547 est 3 et que celle de l. $27,261$ est 1.

550. *La caractéristique du logarithme d'une fraction décimale se compose d'autant d'unités négatives qu'il y a de zéros décimaux avant son premier chiffre significatif.* Soient p une fraction décimale et n le nombre des zéros compris entre la virgule et son premier chiffre significatif ; si on la multiplie par $10^{\,n+1}$, ce qui revient à transporter la virgule de $n+1$ rangs vers la droite, le produit $p \times 10^{n+1}$ sera plus grand que 1, mais plus petit que 10 ; donc la caractéristique de son logarithme sera nulle, et en désignant la partie décimale par f, il viendra

$$l \ (p \times 10^{\,n+1}) = f,$$

d'où, par la règle du n.º 537 et en remarquant que $l \ 10^{\,n+1} = n+1$,

$$l \ p + n + 1 = f \text{ et } l \ p = -n - (1-f); \quad (c)$$

or, f étant positif et plus petit que 1, l'expression $1-f$ sera aussi positive et plus petite que l'unité; donc la caractéristique de $l\,p$ est $-n$.

Ainsi, la caractéristique de $l\ 0,17$ est 0; celle de $l\ 0,00271$ est -2.

Cette règle se trouve en défaut toutes les fois que $f = 0$, auxquels cas la caractéristique est $-(n+1)$; il n'y a par conséquent d'exception qu'à l'égard des fractions $0,1$, $0,01$, $0,001$,......... dont, comme on l'a vu plus haut, les logarithmes sont -1, -2, -3,......

551. L'équation (c) peut s'écrire de la sorte

$$l\,p = -(n+1) + f,$$

ce qui donne naissance à un nouveau genre de logarithmes, car on peut regarder $-(n+1)$ comme la caractéristique du logarithme de la fraction p et f comme sa partie décimale, et alors la caractéristique seule se trouve négative; pour ne point confondre ces nouveaux logarithmes avec ceux qui sont entièrement négatifs, on est convenu de placer le signe $-$ au-dessus de la caractéristique; supposons, pour fixer les idées, que la caractéristique soit -3 et la partie décimale $0,45678$, on écrira $\overline{3},45678$ et cette expression équivaudra à $-3 + 0,45678$.

552. *Si l'on multiplie ou si l'on divise une quantité par l'unité suivie de* n *zéros, le logarithme du produit ou du quotient sera égal au logarithme de cette quantité augmenté ou diminué de* n *unités.*

Réciproquement, si l'on augmente ou si l'on diminue le logarithme d'une quantité de n *unités, la somme ou le reste sera égal au logarithme de cette quantité multipliée ou divisée par l'unité suivie de* n *zéros.*

En effet, en représentant cette quantité par y, l'on a

$$l\,(y \times 10^n) = l\,y + l.\,10^n = l\,y + n,$$

$$l.\,\frac{y}{10^n} = l\,y - l.\,10^n = l\,y - n\,;$$

et, en transposant les membres de chaque équation,

$$l\,y + n = l\,(y \times 10^{n}),$$

$$l\,y - n = l\,\frac{y}{10^{n}}.$$

553. De là résulte que *les logarithmes de tous les nombres décuples ont la même partie décimale*. Car, en supposant que l'on ait $l.\,38 = 1{,}57978$, il s'ensuit (552)

$l.\,380 = 2{,}57978,\ l.\,3800 = 3{,}57978,\ l.\,38000 = 3{,}57978,\dots$

$l.\,3{,}8 = 0{,}57978,\ l.\,0{,}38 = \overline{1},57978,\ l.\,0{,}038 = \overline{2},57978,\dots$

CHAPITRE VI.

CONSTRUCTION ET USAGE DES TABLES DE LOGARITHMES.

I. *Un nombre étant donné, trouver son logarithme et réciproquement.*

554. 1.er Problème. *Trouver le logarithme d'un nombre dans un système donné.* Soient a la base, b le nombre donné et x son logarithme, on aura à résoudre l'équation *exponentielle*

$$a^x = b; \qquad\qquad (a)$$

supposons d'abord que l'on ait $a > 1$ et $b > 1$ ou $a < 1$ et $b < 1$, auxquels cas, ainsi qu'on l'a vu dans les n.ºs 533 et 534, la valeur de x est positive. On fera $x = 0$, $x = 1$, $x = 2$, $x = 3$ .... jusqu'à ce que l'on parvienne à deux puissances consécutives n et $n + 1$ de a, qui comprennent le nombre b.

Si a est > 1, on aura les inégalités $b > a^n$ et $b < a^{n+1}$, ou, en remplaçant b par a^x, $a^x > a^n$ et $a^x < a^{n+1}$; de là résultent celles-ci $x > n$ et $x < n + 1$.

Si a est < 1, on aura au contraire $b < a^n$ et $b > a^{n+1}$, ou, $a^x < a^n$ et $a^x > a^{n+1}$; de là résultent encore (90) $x > n$ et $x < n + 1$.

Ainsi, dans tous les cas, on pourra conclure, à une unité près, $x = n$; cette première valeur de x est évidemment trop foible.

Pour en obtenir une plus approchée, on pose $x = n + \dfrac{1}{x'}$;

il est essentiel de remarquer que la valeur inconnue de x' doit être plus grande que l'unité, car, si l'on avoit $x' < 1$, il s'ensuivroit $\frac{1}{x'} > 1$ et $x > n + 1$, ce qui est impossible; substituant dans l'équation (a), il vient successivement

$$a^{n+\frac{1}{x'}} = b, \quad a^{n} \cdot a^{\frac{1}{x'}} = b, \quad a^{\frac{1}{x'}} = \frac{b}{a^{n}};$$

désignons, pour simplifier, $\frac{b}{a^{n}}$ par a'; puis, élevons les deux membres à la puissance x' et transposons, nous trouverons

$$a'^{x'} = a, \qquad\qquad (b)$$

équation de même nature que celle dont nous sommes partis; en y faisant, comme ci-dessus, $x' = 1$, $x' = 2$, $x' = 3$,.... on déterminera les puissances consécutives n' et $n' + 1$ de a' entre lesquelles le second membre a est compris; on aura en conséquence, à une unité près, $x' = n'$, et par suite une deuxième valeur de x, qui sera trop forte, attendu que celle de x' est trop petite.

Pour approcher davantage, posons $x' = n' + \frac{1}{x''}$ et substituons dans (b); l'équation résultante pourra être déduite de (b) comme cette dernière l'a été de (a); ainsi, en représentant $\frac{a}{a'^{n'}}$ par a'', il vient

$$a''^{x''} = a', \qquad\qquad (c)$$

équation exponentielle que l'on peut traiter comme les précédentes; soit n'' la valeur entière de x''; on aura

$$x'' = n'', \quad x' = n' + \frac{1}{x''}, \quad x = n + \frac{1}{x'},$$

et, par deux substitutions, une troisième valeur de x; celle-ci sera trop foible; car, de ce que la valeur $de\ x''$ est trop petite, il s'ensuit que celle de x' est trop grande et enfin que celle de x est trop foible.

Si l'on pose de nouveau dans l'équation (c)

$$x'' = n'' + \frac{1}{x'''} , \quad \frac{a'}{a''^{n''}} = a''',$$

on aura

$$a'''^{x'''} = a'',$$

et, en appelant n''' la valeur entière approchée de x''',

$$x''' = n''', \quad x'' = n'' + \frac{1}{x'''}, \quad x' = n' + \frac{1}{x''}, \quad x = n + \frac{1}{x'};$$

d'où l'on conclura, au moyen de trois substitutions successives, une quatrième valeur de x; mais cette valeur sera trop forte, comme il est facile de s'en assurer en remontant de la valeur de x''', qui est trop foible, à celle de x.

Si, en continuant de la sorte, on trouve pour l'une des quantités x, x', x'',....... une valeur entière exacte, il est visible que le logarithme de b sera commensurable; s'il en est autrement, ce logarithme sera incommensurable.

Au surplus, il sera toujours possible d'estimer le degré d'approximation, car, de ce que les valeurs approchées successives de x sont alternativement plus petites et plus grandes que sa véritable valeur, il suit que l'erreur commise, en prenant l'une d'elles pour x, est moindre que sa différence à la valeur approchée précédente.

Présentement, si l'on avoit $a > 1$ et $b < 1$, ou, $a < 1$, et $b > 1$, suppositions en vertu desquelles la valeur de x est négative; (voyez les n.ᵒˢ 533 et 534,) on feroit $x = -y$, ce qui changeroit l'équation $a^x = b$ en

$$a^{-y} = b \quad \text{d'où} \quad \frac{1}{a^y} = b \quad \text{et} \quad a^y = \frac{1}{b};$$

les nombres a et $\frac{1}{b}$ étant en même temps plus grands ou plus petits que l'unité, cette équation exponentielle pourra être résolue par la méthode que l'on vient d'exposer.

Soit, pour exemple, à calculer le logarithme de 12, à

0,01 près, dans le système dont la base est 6 ; si l'on pose log $12 = x$, on aura à résoudre l'équation

$$6^x = 12 ;$$

on voit sur-le-champ que 6 est < 12 et $6^2 > 12$; donc $x = 1$, à une unité près.

Faisons dans cette équation $x = 1 + \dfrac{1}{x'}$; il vient, en employant la loi de déduction mentionnée plus haut,

$$(12 : 6)^{x'} = 6 \quad \text{ou} \quad 2^{x'} = 6;$$

or, 2^2 est < 6 et $2^3 > 6$; de là résulte, en nous bornant aux unités, $x' = 2$; conséquemment $x = 1 + \dfrac{1}{2}$, à

$1 + \dfrac{1}{2} - 1$ ou $\dfrac{1}{2}$ près.

Posons encore $x' = 2 + \dfrac{1}{x''}$ et substituons, nous trouverons

$$(6 : 2^2)^{x''} = 2 \quad \text{ou} \quad \left(\dfrac{3}{2}\right)^{x''} = 2;$$

puis, en observant que $\dfrac{3}{2}$ est < 2 mais que $\left(\dfrac{3}{2}\right)^2$ est > 2,

$x'' = 1$; d'où $x' = 2 + \dfrac{1}{1} = 3$ et $x = 1 + \dfrac{1}{3}$. L'erreur commise est moindre que $1 + \dfrac{1}{2} - 1 - \dfrac{1}{3}$ ou $\dfrac{1}{6}$.

En posant $x'' = 1 + \dfrac{1}{x'''}$ dans l'équation précédente, on trouve

$$\left(2 : \dfrac{3}{2}\right)^{x'''} = \dfrac{3}{2} \quad \text{ou} \quad \left(\dfrac{4}{3}\right)^{x'''} = \dfrac{3}{2};$$

ici, $\dfrac{4}{3}$ est $< \dfrac{3}{2}$ et $\left(\dfrac{4}{3}\right)^2 > \dfrac{3}{2}$; donc $x''' = 1$, à une unité près, et par suite

$$x'' = 1 + \frac{1}{1} = 2, \quad x' = 2 + \frac{1}{2} = \frac{5}{2}, \quad x = 1 + 1 : \frac{5}{2} = 1 + \frac{2}{5}.$$

L'erreur est plus petite que $1 + \frac{2}{5} - 1 - \frac{1}{3}$ ou $\frac{1}{15}$.

Si l'on fait $x''' = 1 + \frac{1}{x^{IV}}$, on a cette nouvelle équation

$$\left(\frac{3}{2} : \frac{4}{3}\right)^{x^{IV}} = \frac{4}{3} \quad \text{ou} \quad \left(\frac{9}{8}\right)^{x^{IV}} = \frac{4}{3};$$

d'où l'on tire, en négligeant les fractions, $x^{IV} = 2$, attendu que $\left(\frac{9}{8}\right)^2 < \frac{4}{3}$ et que $\left(\frac{9}{8}\right)^3$ est $> \frac{4}{3}$; on a par conséquent

$$x''' = 1 + \frac{1}{2} = \frac{3}{2}, \quad x'' = 1 + 1 : \frac{3}{2} = \frac{5}{3}, \quad x' = 2 + 1 : \frac{5}{3} = \frac{13}{5},$$

$$x = 1 + 1 : \frac{13}{5} = 1 + \frac{5}{13}.$$

L'erreur ne peut s'élever à $1 + \frac{2}{5} - 1 - \frac{5}{13}$ ou $\frac{1}{65}$.

Soit $x^{IV} = 2 + \frac{1}{x^V}$; on trouve, en substituant et en remarquant que $\left(\frac{9}{8}\right)^2 = \frac{81}{64}$,

$$\left(\frac{4}{3} : \frac{81}{64}\right)^{x^V} = \frac{9}{8} \quad \text{ou} \quad \left(\frac{256}{243}\right)^{x^V} = \frac{9}{8};$$

il est facile de reconnoître que le second membre est compris entre le carré et le cube de l'expression renfermée dans la parenthèse; donc $x^V = 2$, et de là

$$x^{IV} = 2 + \frac{1}{2} = \frac{5}{2}, \quad x''' = 1 + 1 : \frac{5}{2} = \frac{7}{5}, \quad x'' = 1 + 1 : \frac{7}{5} = \frac{12}{7},$$

$$x' = 2 + 1 : \frac{12}{7} = \frac{31}{12}, \quad x = 1 + 1 : \frac{31}{12} = 1 + \frac{12}{31}.$$

L'erreur est alors moindre que $1 + \frac{12}{31} - 1 - \frac{5}{13}$ ou $\frac{1}{403}$; ainsi, en réduisant la fraction $\frac{12}{31}$ en décimales, l'on a

$$\log 6 = 1, 38\ldots\ldots$$

555. 2.ᵉ PROBLÈME *Un logarithme étant donné dans un système connu, déterminer le nombre qui lui correspond.* Si l'on met ce logarithme sous la forme d'expression fractionnaire irréductible, il pourra être représenté par $\frac{m}{n}$ ou

par $-\frac{m}{n}$ (m et n étant deux nombres entiers), suivant qu'il sera positif ou négatif. Cela posé, soient a la base donnée et y le nombre cherché, on a $l y = a$, dans le premier cas,

$$y = a^{\frac{m}{n}} = \sqrt[n]{a^m} \; ;$$

et dans le second

$$y = a^{-\frac{m}{n}} = \frac{1}{\sqrt[n]{a^m}} .$$

S'il s'agit, par exemple, de déterminer le nombre y qui correspond au logarithme $1,125$ du système dont la base est 2 ; on observe que

$$1,125 = \frac{1125}{1000} = \frac{9}{8},$$

et il s'ensuit

$$y = 2^{\frac{9}{8}} = \sqrt[8]{2^9} = \sqrt[8]{512} = 2,18\ldots\ldots$$

556. *Lorsque les nombres entiers* a *et* b *sont composés des mêmes facteurs premiers et que leurs exposans forment une suite de rapports égaux, le logarithme de* b, *relatif à la base* a, *est commensurable ; si ces conditions ne sont point remplies, ce logarithme est incommensurable.* Pour le démontrer, cherchons les relations qui doivent subsister entre a et b, pour que le log. b, pris dans la base a, soit commensurable, c'est-à-dire de la forme $\frac{m}{n}$. Nous

aurons d'abord

$$b = a^{\frac{m}{n}} \quad \text{d'où} \quad b^n = a^m ; \qquad\qquad (d)$$

or, tout facteur premier de b, divisant b^n, divise aussi a^m et par suite a (94) ; on prouveroit de la même manière que tout facteur premier de a se trouve dans b ; on voit donc déjà que les deux nombres a et b doivent être composés des mêmes facteurs premiers.

Soient p, q, r,.... ces facteurs premiers, p', q', r'.... et p'', q'', r'',.... leurs exposans dans a et b, en sorte que

$$a = p^{p'}\, q^{q'}\, r^{r'},.... \qquad b = p^{p''}\, q^{q''}\, r^{r''}....\, ; \qquad (e)$$

substituant dans (d), il vient

$$p^{p''n}\, q^{q''n}\, r^{r''n}.... = p^{p'm}\, q^{q'm}\, r^{r'm}.....$$

Cette égalité ne peut avoir lieu à moins que les exposans de p, q, r.... ne soient égaux dans les deux membres : en effet, si les exposans de p, par exemple, étoient inégaux, on pourroit diviser par la plus haute puissance de ce facteur et l'on obtiendroit une équation dont l'un des membres seroit entier et dont l'autre seroit fractionnaire, ce qui est absurde. Conséquemment, l'on a

$$p''n = p'm, \; q''n = q'm, \; r''n = r'm,.....$$

d'où l'on tire

$$\frac{p''}{p'} = \frac{m}{n}, \quad \frac{q''}{q'} = \frac{m}{n}, \quad \frac{r''}{r'} = \frac{m}{n},.......$$

et par suite

$$\frac{p''}{p'} = \frac{q''}{q'} = \frac{r''}{r'} =...... \qquad\qquad (f)$$

357. Lorsque la base est le produit de plusieurs facteurs premiers élevés à la première puissance ; 1.° il n'y a, parmi les nombres entiers, que les puissances de cette base qui aient des logarithmes commensurables; 2.° les logarithmes de ces puissances sont des nombres entiers. En effet, l'on a par hypothèse

$$p' = q' = r'.... = 1, \quad a = p\,q\,r.....,$$

et de là , à cause de la suite (*f*) et de l'équation (*e*)ꓹ

$$p'' = q'' = r''...., \qquad b = p^{p''} q^{p''} r^{p''}..... = (p\, q\, r....)^{p''},$$

ou bien

$$b = a^{p''} \quad \text{d'où} \quad log\, b = p''.$$

Ainsi, dans le système dont la base est $10 = 2 \times 5$, les logarithmes des nombres entiers autres que 1, 10, 100, 1000,.... sont incommensurables.

II. *Construction des tables de logarithmes.*

558. Pʀᴏʙʟᴇ̀ᴍᴇ. *Construire une table de logarithmes dans un système donné.* On déterminera d'abord, par la méthode du n.º 554, les logarithmes des nombres premiers 2, 3, 5, 7, 11, 13,.... relativement à la base de ce système ; il ne s'agira plus ensuite que de trouver ceux des nombres non premiers 4, 6, 8, 9, 10, 12,... car les tables ne renferment que les logarithmes des nombres entiers ; or, c'est ce que l'on fera aisément en les décomposant en facteurs premiers et en y appliquant les règles des n.ᵒˢ 537 et 540.

Qu'il s'agisse, par exemple, de déterminer le logarithme de 12, on observe que $12 = 2^2 \times 3$, d'où résulte, en prenant les logarithmes ,

$$log\, 12 = log\, (2^2 \times 3) = log\, 2^2 + log\, 3 = 2\, log\, 2 + log\, 3 ;$$

équation au moyen de laquelle on pourra calculer le logarithme de 12, quand on connoîtra ceux de 2 et de 3.

Soit encore à trouver le logarithme de 504 ; on a $504 = 2^3 \times 3^2 \times 7$, et, en prenant les logarithmes ,

$$log\, 504 = log\, (2^3 \times 3^2 \times 7) = log\, 2^3 + log\, 3^2 + log\, 7$$
$$= 3\, log\, 2 + 2\, log\, 3 + log\, 7.$$

Ainsi, le logarithme de 504 peut se déduire immédiatement des logarithmes des nombres 2, 3 et 7.

559. *Les tables de Lalande,* dont nous ferons constamment usage, contiennent les logarithmes décimaux des nombres entiers depuis 1 jusqu'à 10000 ; ces logarithmes ont cinq décimales ; chaque page de ces tables est divisée en

trois cases séparées, deux à deux, par un double trait ; chaque case est sous-divisée en trois colonnes : la première colonne renferme les nombres ; la deuxième renferme leurs logarithmes ; enfin, la troisième fait connoître les différences entre les logarithmes consécutifs ; ces différences expriment des cent millièmes et ne sont indiquées qu'à partir de la case où se trouve le nombre 1000, parce que les précédentes, comme on le verra bientôt, ne pourroient être d'aucune utilité.

560. PROBLÈME. *Connoissant le logarithme d'un nombre dans un certain système, trouver le logarithme du même nombre dans un autre système.* Soient a et b les bases de ces deux systèmes et y un nombre quelconque; convenons de représenter par la lettre L les logarithmes du second système, afin de ne point les confondre avec ceux du premier ; nous aurons les équations identiques

$$y = a^{\log y}, \quad y = b^{\text{L}y}, \quad \text{d'où il suit} \quad b^{\text{L}y} = a^{\log y} ;$$

prenant les logarithmes des deux membres dans la base a et observant que $\log a = 1$, il vient

$$\text{L}y \times \log b = \log y \times \log a = \log y,$$

et de là

$$\text{L}y = \frac{\log y}{\log b} \quad \text{ou} \quad \text{L}y = \log y \times \frac{1}{\log b}.$$

Conséquemment, *lorsqu'on a une table de logarithmes relativement à une certaine base, on peut en déduire une table de logarithmes relativement à une base quelconque, en divisant les logarithmes de la première table par le logarithme de la nouvelle base par rapport à l'ancienne.*

L'expression $\dfrac{1}{\log b}$ par laquelle il faudroit multiplier les logarithmes du premier système pour obtenir ceux du second, se nomme le *Module* du second système par rapport au premier.

Ainsi, s'il s'agissoit, avec le secours d'une table déci-

male, de calculer la table qui correspond à la base 6, il suffiroit de diviser les logarithmes décimaux par le logarithme
décimal de 6, ou, ce qui seroit plus simple, de les multiplier par le module $\frac{1}{l.\,6}$. Si l'on considère en particulier
le nombre 12, on aura donc,

$$\text{L}\,.\,12 = \frac{l\,.\,12}{l\,.\,6} = \frac{1,07918..}{0,77815.} = 1,38685...;$$

cette valeur de L . 12 s'accorde, à un centième près., avec
celle trouvée à la page 59.

III. *Principes relatifs à l'usage des tables.*

561. *La différence entre les logarithmes de deux nombres est d'autant plus petite que ces nombres sont plus
grands et qu'ils diffèrent moins.* En effet, si l'on considère les deux nombres $y + \text{D}$ et y, on aura (538)

$$log\,(y + \text{D}) - log\,y = log\,\frac{y + \text{D}}{y} = log\left(1 + \frac{\text{D}}{y}\right),$$

ce qui fait voir que la différence entre les logarithmes de
$y + \text{D}$ et de y tendra d'autant plus vers $log\,1$ ou zéro que
la fraction $\frac{\text{D}}{y}$ sera plus foible, c'est-à-dire que y sera plus
grand et que D sera plus petit.

562. De là résulte, en supposant D $= 1$, que *les différences entre les logarithmes des nombres naturels décrois-
sent et convergent vers zéro.*

563. LEMME. *Si deux progressions, l'une par différence
et l'autre par quotient, ont leurs termes extrêmes communs et sont composées d'un pareil nombre de termes; la
différence entre deux termes de même rang dans les deux
progressions est moindre que le carré de la différence
entre les termes extrêmes divisé par le double du plus
petit. Soient y et v les termes extrêmes et $m + 1$ le nombre*

des termes communs aux deux progressions ; si l'on représente leurs raisons par R et r, on aura, pour les déterminer,
les deux équations

$$y + m R = Y, \qquad y\, r^m = Y,$$

d'où l'on tire aisément

$$R = \frac{Y - y}{m}, \qquad r = \sqrt[m]{\frac{Y}{y}};$$

et, en substituant dans les deux suites,

$$y,\ y + R,\quad y + 2 R,\ \ldots\ldots\ldots\ y + m R \text{ ou } Y, \qquad (g)$$
$$y,\ y\, r,\qquad y\, r^2,\ \ldots\ldots\ldots\ y\, r^m \text{ ou } Y, \qquad (h)$$

on obtiendra les valeurs des termes dont elles sont composées.

Cela posé, observons que la somme des m différences,

$$y\,r - y,\ y\,r^2 - y\,r,\ y\,r^3 - y\,r^2,\ \ldots\ldots\ y\,r^m - y\,r^{m-1},$$

entre les $m + 1$ termes de la deuxième progression, considérés deux à deux, est égale à $y\,r^m - y$ ou $Y - y$, et
que par conséquent la moyenne arithmétique entre toutes

ces différences est $\dfrac{Y - y}{m}$ ou R. Or, en les mettant sous la

forme

$$y\,(r - 1),\ y\,(r - 1)\,r,\ y\,(r - 1)\,r^2,\ \ldots\ldots\ y\,(r - 1)\,r^{m-1},$$

on voit immédiatement qu'elles constituent une progression par quotient dont la raison est encore r ; de là il suit
que leur moyenne R est comprise entre la plus grande et la
plus petite, et que l'on a

$$y\,(r - 1) < R, \qquad\qquad (i)$$
$$y\,(r - 1)\,r^{m-1} > R \quad \text{d'où} \quad Y\,(r - 1) > R,$$

attendu que Y est $> y\,r^{m-1}$.

Actuellement, si l'on imagine deux progressions par différence ayant pour premier terme y et pour raisons $Y\,(r - 1)$
et $y\,(r - 1)$, il est visible que deux termes correspondans
dans ces deux suites comprendront les termes du même
rang dans (g) et (h) ; donc, en appelant z la différence
entre les termes du rang $n + 1$ dans les dernières, l'on
aura

$$z < [y + n\,\mathrm{Y}\,(r-1)] - [y + ny\,(r-1)]$$

ou bien, en réduisant,

$$z < n(\mathrm{Y}-y)(r-1). \qquad (j)$$

Disposons les termes de (g) et de (h) dans un ordre inverse, de manière que les termes précédemment du rang $n+1$ soient du rang $m-n+1$; puis, imaginons deux nouvelles progressions par différence, ayant pour premier terme Y et pour raisons $-y(r-1)$ et $-\mathrm{Y}(r-1)$; deux termes correspondans dans celles-ci comprendront encore les termes du même rang dans celles-là, et par conséquent il viendra

$$z < [\mathrm{Y} - (m-n)y(r-1)] - [\mathrm{Y} - (m-n)\mathrm{Y}(r-1)]$$

ou, en effectuant les calculs,

$$z < (m-n)(\mathrm{Y}-y)(r-1). \qquad (k)$$

Ajoutant les inégalités (j) et (k) membre à membre, on a

$$2z < m(\mathrm{Y}-y)(r-1);$$

or, de l'inégalité (i) on déduit, en remplaçant R par $\dfrac{\mathrm{Y}-y}{m}$,

$$r-1 < \frac{\mathrm{Y}-y}{my}$$

puis, en substituant dans la précédente et divisant par 2,

$$z < \frac{(\mathrm{Y}-y)^2}{2y}$$

c'est précisément ce qu'il s'agissoit de démontrer.

564. *Les différences entre les nombres approchent d'autant plus d'être proportionnelles aux différences entre leurs logarithmes, que ces nombres sont plus grands et qu'ils diffèrent moins.*

Soient trois nombres croissans y, y' et y'' et posons

$$y'' - y = \mathrm{D}, \qquad \log y'' - \log y = d,$$
$$y' - y = \frac{m}{n}\mathrm{D}, \qquad \log y' - \log y = \frac{p}{q}d; \qquad (l)$$

$\dfrac{m}{n}$ et $\dfrac{p}{q}$ désignent évidemment des nombres plus petits que l'unité; il est visible que la proportion

$$\mathrm{D} : \frac{m}{n}\mathrm{D} :: d : \frac{p}{q}d \qquad (m)$$

équivaut à l'équation

$$\frac{m}{n}\,\mathrm{D}\,d = \frac{p}{q}\,\mathrm{D}\,d \quad \text{ou à celle-ci} \quad \frac{m}{n} = \frac{p}{q};$$

il suffira donc de démontrer que la différence entre les deux

membres $\frac{m}{n}$ et $\frac{p}{q}$ décroît à mesure que y augmente et que D

diminue.

Remarquons à cet effet qu'en vertu du n.º 538 les équations (l) peuvent s'écrire de cette manière

$$log\frac{y''}{y} = d, \qquad log\frac{y'}{y} = \frac{p}{q}d,$$

et, en représentant la base par a,

$$\frac{y''}{y} = a^{d}, \qquad \frac{y'}{y} = a^{\frac{p}{q}d},$$

ou bien encore, si on chasse les dénominateurs,

$$y'' = y\,a^{d} = y\left(a^{\frac{d}{q}}\right)^{q}, \quad y' = y\,a^{\frac{p}{q}d} = y\left(a^{\frac{d}{q}}\right)^{p};$$

ce qui nous apprend que y' est le $p + 1.^{e}$ terme d'une progression par quotient, dont le premier terme est y et dont le $q + 1.^{e}$ terme est y''.

Or, si l'on conçoit une progression par différence composée de $q + 1$ termes et ayant pour termes extrêmes y et

y'', sa raison sera exprimée par $\dfrac{y'' - y}{q}$ et son $p+1.^{e}$ terme

par $y + \dfrac{p}{q}(y'' - y)$; donc, à cause du lemme précédent, il viendra

$$y' - y - \frac{p}{q}(y'' - y) < \frac{(y'' - y)^{2}}{2y}$$

et, en remplaçant $y'' - y$ et $y' - y$ par D et $\frac{m}{n}\,\mathrm{D}$,

$$\frac{m}{n}\,\mathrm{D} - \frac{p}{q}\,\mathrm{D} < \frac{\mathrm{D}^{2}}{2y}, \quad \text{ou,} \quad \frac{m}{n} - \frac{p}{q} < \frac{\mathrm{D}}{2y}, \qquad (n)$$

après avoir divisé par D; ce qui prouve bien que la dif-

férence de $\frac{m}{n}$ à $\frac{p}{q}$ est d'autant moindre que y est plus grand

et que D est plus petit.

565. Problème. *Déterminer les limites des erreurs que l'on peut commettre en faisant usage de la proportion (m) du n.º précédent.* Ces erreurs proviennent visiblement de ce que l'on y suppose $\dfrac{m}{n} = \dfrac{p}{q}$, ce qui n'a lieu, comme on vient de le voir, que par approximation.

1.º Supposons d'abord que les différences D, $\dfrac{m}{n}\mathrm{D}$ et d soient connues et qu'il s'agisse de calculer $\dfrac{p}{q}d$; la proportion (m) fournira $\dfrac{m}{n}d$ au lieu de $\dfrac{p}{q}d$; par conséquent, l'erreur commise, abstraction faite des signes, sera $\left(\dfrac{m}{n} - \dfrac{p}{q}\right)d$, expression qui, à cause de l'inégalité (n), est moindre que $\dfrac{\mathrm{D}\,d}{2\,y}$.

Dans le cas de $\mathrm{D} = 1$, d est la différence des logarithmes des nombres $y + 1$ et y, et la limite de l'erreur est $\dfrac{d}{2\,y}$; si l'on fait $y = 100$, l'on a $l.\,101 - l.\,100 = 0{,}00432\ldots$ et par suite

$$\frac{d}{2y} = \frac{0{,}00432\ldots}{2 \cdot 100} = 0{,}0000216\ldots$$

l'erreur peut donc influer sur les cent millièmes; voilà pourquoi l'on a pu se dispenser d'indiquer dans les tables les différences des logarithmes consécutifs de 100 à 1000, et, à plus forte raison, celles de 1 à 100.

Si l'on pose $y = 1000$, auquel cas $d = l.\,1001 - l.\,1000 = 0{,}00043$, il vient

$$\frac{d}{2y} = \frac{0{,}00043\ldots}{2 \cdot 1000} = 0{,}000000215\ldots$$

Ainsi, l'erreur ne peut influer que sur la septième décimale; on peut donc employer en toute confiance la proportion dont il s'agit de 1000 à 10000, en tant que l'on ne veut pousser les calculs que jusqu'aux cent millièmes.

$2.^o$ Supposons maintenant que les différences D, d, $\dfrac{p}{q}d$

soient données et qu'il s'agisse de déterminer $\dfrac{m}{n}\mathrm{D}$. La pro-

portion (m) fournit $\dfrac{p}{q}\mathrm{D}$ au lieu de $\dfrac{m}{n}\mathrm{D}$; l'erreur commise

$\left(\dfrac{m}{n}-\dfrac{p}{q}\right)\mathrm{D}$ sera donc, à cause de (n), moindre que $\dfrac{\mathrm{D}^2}{2\,y}$;

dans l'hypothèse de $\mathrm{D}=1$, cette limite devient $\dfrac{1}{2y}$.

Dans le cas de $y=1000$, on a

$$\frac{1}{2y}=\frac{1}{2\,.\,1000}=0{,}0005\,;$$

on pourroit donc compter sur les trois premières décimales

si la fraction $\dfrac{p}{q}$ étoit entièrement connue ; mais comme

elle se déduit de l'équation

$$\frac{p}{q}=\frac{p}{q}d:d,$$

et que la table ne donne que le premier ou les deux premiers chiffres significatifs de la différence d, il s'ensuit qu'en général on ne sera certain que de l'exactitude de la première décimale.

IV. *Usage des tables.*

566. $1.^{er}$ Problème. *Trouver au moyen des tables le logarithme d'un nombre proposé.* Ce nombre peut être entier, décimal ou fractionnaire : nous allons examiner successivement ces trois cas.

567. $1.^{er}$ Cas. *Trouver le logarithme d'un nombre entier.* Si ce nombre est plus petit que 10000, on trouve immédiatement son logarithme dans les tables.

S'il est plus grand que 10000, on sépare quatre chiffres sur sa gauche par une virgule, et l'on cherche dans les tables les deux nombres entiers consécutifs entre lesquels est compris le nombre décimal résultant; le logarithme cherché , tombant entre leurs logarithmes , est égal à celui du plus petit joint à une fraction que l'on détermine, en calculant le quatrième terme de la proportion suivante(564):

Si pour une unité de différence entre les deux nombres entiers consécutifs, il y a entre leurs logarithmes la différence fournie par les tables , combien, pour celle qui existe entre le nombre décimal et le nombre entier immédiatement inférieur, y aura-t-il de différence entre leurs logarithmes ?

On ajoute ensuite au logarithme du nombre décimal autant d'unités qu'il y a de chiffres à la droite de la virgule introduite dans le nombre proposé et on a le logarithme de ce dernier (552).

Soit à trouver le logarithme de 40617 ; je sépare quatre chiffres sur sa gauche, et j'obtiens 4061,7 ; j'ai donc

$$4062 - 4061 = 1, \qquad 4061,7 - 4061 = 0,7,$$
$$l.4062 - l.\,4061 = 0,00011, \qquad l.\,4061,7 - l.\,4061 = x,$$

et par suite la proportion

$$1 : 0,00011 :: 0,7 : x,$$

d'où l'on tire $x = 0,000077$, ou bien , en supprimant la sixième décimale, $x = 0,00008$; conséquemment

$$l.\,4061,7 = l.\,4061 + x = 3,60863 + 0,00008 = 3,60871;$$

si j'omets maintenant la virgule dans le premier membre, ce qui revient à augmenter le second membre d'une unité, il vient

$$l.\,40617 = 4,60871.$$

568. 2.ᵉ Cas. *Trouver le logarithme d'un nombre décimal.* On cherche le logarithme du nombre entier provenant de la suppression de la virgule, et on retranche ensuite autant d'unités qu'il y a de figures décimales dans le nombre proposé (552). Ainsi

$$1.° \; l.\,40,617 = l.\,40617 - 3 = 4,60871 - 3 = 1,60871.$$

$2.°\, l.\, 0,01756 = l.\, 1756 - 5 = 3,24452 - 5 = -1,75548.$
Si l'on vouloit, dans le second exemple, que la caractéristique fût seule négative, on remarqueroit que

$$l.\, 0,01756 = 3,24452 - 5 = -2 + 0,24452 = \overline{2},24452.$$

Quand le nombre décimal donné est *périodique*, il est plus exact de le mettre sous forme fractionnaire et d'opérer comme ci-dessous :

569. 3.ᵉ Cas. *Trouver le logarithme d'une expression fractionnaire.* Il suffit pour cela de retrancher le logarithme du dénominateur de celui du numérateur (539). Voici deux exemples :

$$1.°\, l.\, 23\frac{4}{7} = l.\,\frac{165}{7} = l.\,165 - l.\,7 = 2,21748 - 0,84510$$
$$= 1,37238.$$

$$2.°\, l.\,\frac{451}{1623} = l.\,451 - l.\,1623 = 2,65418 - 3,21032$$
$$= -0,55614.$$

Si la caractéristique de ce dernier logarithme devoit être seule négative, on feroit usage de la règle suivante, dans laquelle on désigne sous le nom de *complément* d'un nombre le reste que l'on obtient en le retranchant de 10 : *le logarithme d'une fraction est égal au logarithme du numérateur, augmenté du complément du logarithme du dénominateur, moins dix unités.* En effet :

$$l\frac{y}{y\prime} = l.y - l.y\prime = l.y + 10 - l.y\prime - 10 = l.y + comp.l.y\prime - 10.$$

Cela posé, puisque *comp.* $l.\,1623 = 10 - 3,21032 = 6,78968$, il vient

$$l.\,\frac{451}{1623} = l.\,451 + comp.\,l.\,1623 - 10$$

$$= 2,65418 + 6,78968 - 10 = -2 + 0,44386 = \overline{2},44386.$$

570. 2.ᵉ Problème. *Trouver, au moyen des tables, le nombre qui correspond à un logarithme donné.* Il faut distinguer trois cas : celui où ce logarithme est positif ; celui où

il est négatif ; celui enfin où sa caractéristique est négative et sa partie décimale positive.

571. 1.er Cas. *Trouver le nombre qui correspond à un logarithme positif.* Supposons d'abord que la caractéristique du nombre donné soit égale à trois unités :

Si ce logarithme est exactement dans la table, on trouve à côté le nombre qui lui correspond.

S'il en est autrement , il est compris entre deux logarithmes consécutifs. Le nombre cherché, tombant entre les deux nombres entiers auxquels ces logarithmes appartiennent , est donc égal au plus petit de ces nombres joint à une fraction que l'on détermine , en calculant le quatrième terme de la proportion suivante (564) :

Si pour la différence des deux logarithmes consécutifs , il y a une unité de différence entre les nombres entiers correspondans , combien, pour la différence du plus petit de ces logarithmes à celui qui est donné , y aura-t-il de différence entre les nombres auxquels ils appartiennent?

Si la caractéristique du logarithme donné n'est point trois unités , on la rend telle en l'augmentant ou en la diminuant d'un nombre d'unités convenable ; on trouve, comme on vient de le dire, le nombre qui correspond au logarithme ainsi préparé ; puis, on transporte la virgule d'autant de rangs vers la gauche ou vers la droite que l'on a ajouté ou retranché d'unités au logarithme primitif (552).

Soit à déterminer le nombre dont le logarithme est 4,60871; je diminue d'abord la caractéristique d'une unité, ce qui donne 3,60871 ; or, ce dernier tombe entre les logarithmes consécutifs 3,60863 et 3,60874 qui correspondent aux nombres 4601 et 4602; donc le nombre cherché est égal à 4601 joint à une fraction que je désigne par x; actuellement, l'on a

$$l. 4062 - l\, 4061 = 0{,}00011,$$
$$l. (4601 + x) - l.x = 3{,}60871 - 3{,}60863 = 0{,}00008,$$
$$4062 - 4061 = 1, \qquad (4601 + x) - 4061 = x,$$

et par conséquent

$$0,00011 : 1 :: 0,00008 : x\,;$$

proportion d'où l'on tire

$$x = \frac{0,00008}{0,00011} = \frac{8}{11} = 0,7\ldots.$$

Ainsi, $3,60871 = l.\ 4061,7$; augmentant le premier membre d'une unité et supprimant la virgule dans le second membre, il vient $4,60871 = l.\ 40617$, ce qui apprend que le nombre cherché est 40617, à une unité près.

572. 2.ᶜ Cᴀs. *Trouver le nombre qui correspond à un logarithme négatif.* On ajoute à ce logarithme autant d'unités plus quatre qu'il y en a dans sa caractéristique ; on obtient de la sorte un logarithme positif dont la caractéristique est trois ; on détermine le nombre qui lui correspond et l'on transporte ensuite la virgule d'autant de rangs vers la gauche que l'on a ajouté d'unités au logarithme donné.

Soit, pour exemple, le logarithme négatif $-2,45679$; j'y ajoute $2+4$ ou 6 unités, ce qui donne $3,54321$; or, ce logarithme correspond au nombre 3493, à une unité près ; donc le nombre cherché est $0,003493$, à un millionième près.

573. 3.ᵉ Cᴀs. *Trouver le nombre qui correspond à un logarithme dont la caractéristique est négative et la partie décimale positive.* On y ajoute autant d'unités plus trois qu'il y en a dans sa caractéristique ; on a ainsi un logarithme positif dont la caractéristique est trois. On cherche le nombre auquel il appartient et l'on transporte la virgule d'autant de rangs vers la gauche que l'on a ajouté d'unités au logarithme proposé.

Soit le logarithme $\bar{2},35817$; j'y ajoute $2+3$ ou 5 unités et j'obtiens $3,35817$, logarithme qui correspond au nombre 2281, à une unité près. Donc le nombre cherché est $0,02281$, à un cent millième près.

V. *Exercices.*

574. **Problème.** *Déterminer, par la méthode du n.º 554, les logarithmes des nombres 13 et $\frac{2}{3}$ dans le système dont la base est 7.* Rép. 1.º 1,31... 2.º — 0,20...

575. **Problème.** *Trouver par la règle du n.º 555, le nombre qui a pour logarithme 1,375 dans le système dont la base est 17.* Rép. 49,19....

576. **Problème.** *Trouver, à l'aide des tables, le logarithme de 3,215 dans le système dont la base est 1,72.* Rép. 2,15335....

577. **Problème.** *Trouver, à l'aide des tables, le logarithme décimal, 1.º de 16458; 2.º de 0,0014567; 3.º de 2,535353....; 4.º de 257 $\frac{3}{11}$; 5.º de $\frac{19}{31}$.* Rép. 1.º 4,21638; 2.º — 2,83663 ou $\overline{3}$,16337; 3.º 0,40403; 4.º 2,41040; 5.º —0,21261 ou $\overline{1}$,78739.

578. **Problème.** *Trouver, à l'aide des tables, le nombre qui correspond, 1.º au logarithme décimal 4,26793; 2.º à — 2,57831; 3.º à $\overline{3}$,46709.* Rép. 1.º 18532; 2.º 0,0026405; 3.º 0,0029315.

CHAPITRE VII.

APPLICATIONS DE LA THÉORIE DES LOGARITHMES.

I. *Usage des logarithmes en Arithmétique.*

579. MULTIPLICATION. On prend la somme des logarithmes des nombres que l'on veut multiplier pour avoir le logarithme de leur produit (537); on cherche le nombre qui lui correspond; c'est le produit demandé.

Soit à effectuer le produit $342 \times 4627 \times 5429$; on a
$$l\,(342 \times 4627 \times 5429) = l\,.\,342 + l\,.\,4627 + l\,.\,5429.$$
$$= 2,53403 + 3,66530 + 3,73472 = 9,93405\,;$$
en suivant la règle du n.° 570, on trouve que 9,93405 est le logarithme de 8591200000; tel est donc le produit cherché à 100000 près.

Lorsque les facteurs sont plus petits que l'unité, il est plus simple d'opérer par complément; voici un exemple :
$$l\left\{\frac{23}{152} \times \frac{171}{4673}\right\} = l\,\frac{23}{152} + l\,\frac{171}{4673}$$
$$= l\,.\,23 + comp.\,l\,.\,152 - 10 + l\,.\,171 + comp.\,l\,.\,4673 - 10$$
$$= 1,36173 + 7,81816 - 10 + 2,23300 + 6,33040 - 10$$
$$= \overline{3},74329\,;$$
ce dernier logarithme correspond au nombre 0,0055372...; on a donc le produit demandé à 0,0000001 près.

580. DIVISION. On retranche le logarithme du diviseur de celui du dividende pour avoir le logarithme du quotient (538); on trouve le nombre qui répond à ce dernier et on a le quotient requis; si le dividende est moindre que le diviseur, il est plus expéditif de faire usage des complémens.

$$1.^{er}\,Ex.\ l\,(352 : 45) = l\,.\,352 - l\,.\,45 = 2,54654 - 1,65321$$
$$= 0,89333 = l\,.\,7,8222....\,;$$
et de là $352 : 45 = 7,8222....$

2.e *Ex.* $l\,(459:8642) = l\,.\,459 + comp.\ l\,.\,8642 - 10$
$= 2,66181 + 6,06339 - 10 = \overline{2},72520 = l\,.\,0,053112...$
et par suite $459:8642 = 0,053112....$

581. **FORMATION DES PUISSANCES.** On multiplie le logarithme du nombre donné par l'exposant de la puissance que
l'on veut calculer, afin d'obtenir le logarithme de cette puissance (540) ; on cherche ensuite à quel nombre ce logarithme appartient.

1.er *Ex.* $l\,.\,3^{17} = 17\,l\,.\,3 = 17 \times 0,47712 = 8,11104$
$$= l\,.\,129120000\,;$$

conséquemment $3^{17} = 129120000.$

2.e *Ex.* $l\left(\dfrac{35}{62}\right)^7 = 7\,l\,\dfrac{35}{62} = 7\,(l\,.\,35 + comp.\ l.62 - 10)$
$= 7\,(1,54407 + 8,20761 - 10) = 7\,(-1 + 0,75168)$
$= -7 + 5,26176 = \overline{2},26176 = l\,.\,0,018270...\,;$
d'où résulte $\left(\dfrac{35}{62}\right)^7 = 0,018270...\,;$

582. **EXTRACTION DES RACINES.** On divise le logarithme
du nombre donné par l'indice de la racine que l'on veut
extraire, pour déterminer le logarithme de cette racine (541);
on cherche après cela le nombre qui lui correspond.

1.er *Ex.* $l\,.\,\sqrt[5]{3627} = \dfrac{l\,.\,3627}{5} = \dfrac{3,55955}{5} = 0,71191$
$$= l\,.\,5,1512......$$

donc $\sqrt[5]{3627} = 5,1512,....$

2.e *Ex.* $l\,.\,\sqrt[7]{\dfrac{2}{3}} = \dfrac{1}{7}\,l\,\dfrac{2}{3} = \dfrac{l.2 + comp.\ l\,.\,3 - 10}{7}$
$= \dfrac{0,30103 + 9,52288 - 10}{7} = \dfrac{9,82391 - 10}{7} = \dfrac{13,82391 - 14}{7}$
$= 1,97484 - 2 = \overline{1},97484 = l\,.\,0,94372.......\,;$

par conséquent $\sqrt[7]{\dfrac{2}{3}} = 0,94372.....$

583. Soit à déterminer le 4.e terme de la proportion

$$356 : 17 :: 2561 : x ;$$

en prenant les logarithmes, on aura (543) l'équi-différence

$$l\, 356 . l\, 17 : l\, 2561 . l\, x ;$$

d'où l'on tire

$$l\, x = l. 17 + l. 2561 - l. 356 = 1,23045 + 3,40841 - 2,55145$$
$$= 2,08741 = l. 122,29.... ;$$

et par suite $x = 122,29.....$

584. Soit enfin à trouver une moyenne proportionnelle
entre les nombres 9, 87 et 532; on aura (545)

$$l. \sqrt[3]{9 \times 87 \times 532} = \frac{l. 9 + l. 87 + l. 532}{3}$$

$$= \frac{0,95424 + 1,93952 + 2,72591}{3} = 1,87322 = l. 74,683.. ;$$

d'où l'on conclut que la moyenne cherchée est $74,683......$

II. *Résolution des équations exponentielles par la théorie
des logarithmes.*

585. Soit d'abord à résoudre *l'équation exponentielle du
premier ordre*

$$a^x = b$$

dans laquelle a et b désignent des quantités données; si
l'on prend les logarithmes des deux membres, il vient

$$x \, log\, a = log\, b \quad \text{d'où} \quad x = \frac{log\, b}{log\, a}.$$

Ainsi, de l'équation $7^x = 23$, on tire $x\, l. 7 = l. 23$, et de là

$$x = \frac{l. 23}{l. 7} = \frac{1,36173}{0,84510} = 1,6113.......$$

586. Soit, en second lieu, à tirer la valeur de x dans
l'équation exponentielle du second ordre

$$a^{b^x} = c ;$$

elle devient, en prenant les logarithmes et en regardant b^x
comme l'exposant de a,

$$b^x \log a = \log c \qquad \text{ou} \qquad b^x = \frac{\log c}{\log a};$$

Si l'on prend de nouveau les logarithmes, on trouve, après avoir divisé par $\log b$,

$$x = \frac{\log . \log c - \log . \log a}{\log b}.$$

587. En traitant *l'équation exponentielle du troisième ordre*

$$a^{b^{c^x}} = d$$

comme les précédentes, on en déduit

$$x = \frac{\log (\log . \log d - \log . \log a) - \log . \log b}{\log c};$$

celles des ordres suivans se résolvent également par le même procédé.

588. S'il s'agissoit de résoudre une équation de la forme

$$a^{m x + n} = b^{p x + q};$$

on prendroit encore les logarithmes des deux membres et on auroit

$$(m x + n) \log a = (p x + q) \log b,$$

équation du premier degré en x, qui fournit

$$x = \frac{q \log b - n \log a}{m \log a - p \log b}.$$

589. Prenons, pour dernier exemple, l'équation

$$m a^x + n a^{-x} = k;$$

multipliant d'abord par a^x et observant que $a^x \times a^{-x} = a^0 = 1$, il vient

$$m (a^x)^2 + n = k a^x;$$

cette nouvelle équation est du second degré en tant que l'on considère a^x comme l'inconnue; on en retire

$$a^x = \frac{k \pm \sqrt{k^2 - 4 m n}}{2 m},$$

puis, en prenant les logarithmes et en divisant par $\log a$,

$$x = \frac{\log (k \pm \sqrt{k^2 - 4 m n}) - \log m - \log 2}{\log a}.$$

III. *Résolution des quatre derniers problèmes relatifs aux progressions par quotient.*

590. **Problème VII.** *Déterminer* a *et* n *, connoissant* l, r *et* s. Reprenons les deux formules du n.° 510

$$l = a r^{n-1}, \qquad (a) \qquad s(r-1) = lr - a; \qquad (b)$$

nous tirerons d'abord de la seconde

$$a = lr - s(r-1);$$

prenant ensuite les logarithmes dans la première et transposant, nous aurons

$$\log a + (n-1)\log r = \log l,$$

d'où

$$n = 1 + \frac{\log l - \log a}{\log r} = 1 + \frac{\log l - \log(lr - sr + s)}{\log r}.$$

591. **Problème VIII.** *Déterminer* l *et* n, *connoissant* a, r *et* s. L'équation (b) fournit immédiatement la valeur de *l*; si on la substitue dans (a) et si l'on prend les logarithmes, on aura une nouvelle équation d'où l'on pourra tirer l'inconnue *n*; on trouve ainsi :

$$l = \frac{sr - s + a}{r}, \qquad n = \frac{\log(sr - s + a) - \log a}{\log r}.$$

592. **Problème IX.** *Déterminer* n *et* r, *connoissant* a, l *et* s. On déduit de (b)

$$r = \frac{s - a}{s - l} \quad \text{et par suite} \quad \log r = \log(s - a) - \log(s - l);$$

changeant de place les membres de (a) et prenant les logarithmes, il vient,

$$\log a + (n-1)\log r = \log l$$

d'où

$$n = 1 + \frac{\log l - \log a}{\log r} = 1 + \frac{\log l - \log a}{\log(s - a) - \log(s - l)}.$$

593. **Problème X.** *Déterminer* n *et* s, *connoissant* a, l *et* r. On tire immédiatement de l'équation (b)

$$s = \frac{lr - a}{r - 1};$$

si ensuite on prend les logarithmes des deux membres de
(a), on obtient

$$log\ l = log\ a + (n-1)\ log\ r \quad \text{d'où} \quad n = 1 + \frac{log\ l - log\ a}{log\ r}.$$

IV. Questions d'intérêt.

594. Rappelons d'abord en peu de mots les principales
questions relatives à l'intérêt simple.

Si l'on désigne par t le *taux de l'intérêt* et par r *l'intérêt
annuel d'un franc*, on a évidemment $t = 100\ r$ et $r = t : 100$.
Ainsi, les quantités t et r peuvent se déduire l'une de
l'autre par un calcul fort simple. Dans le cas de $t = 5$,
par exemple, l'on a $r = 5 : 100 = 0,05$; réciproquement,
de ce que $r = 0,05$, il suit que $t = 0,05 \times 100 = 5$.

Cela posé, soit i l'intérêt annuel d'une somme quelconque a; puisque 1 franc rapporte r, a francs rapporteront $a\ r$
et l'on aura $i = a\ r$, d'où $a = i : r$ et $r = i : a$. De là résultent les règles connues pour déterminer 1.º *l'intérêt annuel
d'un capital placé à un taux donné*; 2.º *le capital, quand
on connoît ce qu'il rapporte annuellement et le taux de
l'intérêt*; 3.º *le taux, quand on connoît le capital et son
rapport annuel.*

Passons à la *règle d'escompte*; si l'on représente par a la
valeur actuelle d'une somme A payable dans un an, l'escompte sera exprimé par $A - a$; or, l'intérêt annuel de
a étant $a\ r$, cette somme au bout d'un an, vaut $a + a\ r$
$= a\ (1 + r)$, et par conséquent l'on a $a\ (1 + r) = A$;
d'où l'on déduit

$$a = \frac{A}{1+r} \quad \text{et} \quad A - a = A - \frac{A}{1+r} = \frac{A\ r}{1+r}.$$

Souvent, dans les opérations commerciales, on prend
pour escompte le rapport annuel $A\ r$ de la somme A; c'est

ce que l'on appelle *escompter en dehors ;* on commet ainsi une erreur exprimée par

$$\text{A } r - \frac{\text{A } r}{1+r} = \frac{\text{A } r^2}{1+r} ;$$

Lorsque l'on suppose $r = 0{,}05$, on trouve que cette erreur s'élève à A : 5oo, en sorte que l'escompte en dehors d'une somme de 5oo francs est trop fort d'un franc.

Si l'intérêt, au lieu d'être relatif à un an, l'étoit à un nombre de jours n, on observeroit que l'intérêt journalier d'un franc est r : 365 et par conséquent il suffiroit de remplacer dans les résultats précédens r par $n r$: 365.

595. ¡PROBLÈME. *Déterminer la relation qui existe entre l'intérêt annuel d'un franc, une somme quelconque* a, *le nombre* n *des années pendant lesquelles cette somme est abandonnée à elle-même en intérêt composé et enfin la somme* A *qu'elle produit au bout de ce temps.* La somme a, rapportant $a r$, deviendra après un an $a + a r = a (1+r)$; donc, le produit d'une somme par $1 + r$ exprime ce quelle vaut au bout d'un an. Cela posé, la somme a, valant $a (1+r)$ au bout de la première année, devient $a(1+r)(1+r)$ ou $a(1+r)^2$ au bout de la deuxième année; $a (1+r)^2 (1+r)$ ou $a (1+r)^3$ au bout de la troisième; $a (1+r)^3 (1+r)$ ou $a (1+r)^4$ au bout de la quatrième, etc., et en général $a (1+r)^n$ à l'expiration de de la n^{me} ; d'où il suit que la relation demandée est

$$\text{A} = a (1+r)^n,$$

ou, en prenant les logarithmes,

$$log \text{ A} = log \, a + n \, log \, (1+r). \qquad (c)$$

On peut donc déterminer l'une quelconque des quatre quantités A, a, n, r quand les trois autres sont données. De là résultent les solutions des quatre questions suivantes :

1.º *Déterminer la somme* A *produite par une somme* a, *placée en intérêt composé, à raison de* r *pour un franc, pendant* n *années.* L'inconnue A est donnée par la formule (c). Supposons $a = $ 1oo, $n = $ 1o, $r = 0{,}05$; il vient

$$log \; \mathrm{A} = l \; . \; 100 + 10 \; . \; l \; . \; 1{,}05 = 2 + 10 \times 0{,}02119$$
$$= 2{,}21190 = l \; . \; 162{,}89 \, ;$$

et de là $\mathrm{A} = 162$ fr., 89.

2.° *Le rapport annuel d'un franc étant* r, *détermi-*
ner la valeur actuelle a *d'une somme* A *payable dans* n
années. On tire de la formule (*c*)

$$log \; a = log \; \mathrm{A} - n \, log \, (1 + r).$$

Cette question constitue *la règle d'escompte composé* ;
l'escompte, comme pour l'intérêt simple, est exprimé par
$\mathrm{A} - a$.

3.° *Déterminer le nombre des années* n *pendant les-*
quelles une somme a *doit être placée en intérêt composé et à*
raison de r *pour un franc, afin de produire une somme* A.
On déduit de l'équation (*c*)

$$n = \frac{log \; \mathrm{A} - log \; a}{log \, (1 + r)}.$$

Si l'on demandoit le nombre d'années essentiel pour
que la somme *a* devînt *p* fois plus grande, c'est-à-dire pour
que l'on ait $\mathrm{A} = p \, a$ ou $log \; \mathrm{A} = log \; p + log \; a$; il suffiroit de substituer cette valeur de $log \; \mathrm{A}$ dans celle de *n*, ce
qui donneroit

$$n = \frac{log \; p}{log \, (1 + r)}.$$

Si l'on suppose $p = 2$ et $r = 0{,}05$, il vient $n = 14$ ans
2 mois. Si l'on suppose encore $p = 1000000$ et $r = 0{,}05$, on
trouve $n = 283$ ans 2 mois.

4.° *Déterminer le taux auquel on doit placer une somme*
a *en intérêt composé, pour qu'elle produise, au bout de* n
années, une somme A. La formule (*c*) fournit

$$log \, (1 + r) = \frac{log \; \mathrm{A} - log \; a}{n} \, ;$$

et celle-ci servira à calculer la valeur de $1 + r$ que je désigne par K ; l'on aura alors $1 + r = $ K d'où $r = $ K $- 1$ et
$100 \, r = 100 \, (\mathrm{K} - 1)$.

d'un litre chacune, que l'on plonge en même temps dans l'un et dans l'autre pour les remplir; après quoi l'on verse dans chaque vase le liquide extrait de l'autre ; combien faudra-t-il d'opérations de ce genre pour que le premier vase renferme a : m litres d'eau. Rép.

$$x = \frac{\log m - \log (m - 2)}{\log a - \log (a - 2)}$$

FIN DU TROISIÈME ET DU DERNIER LIVRE.

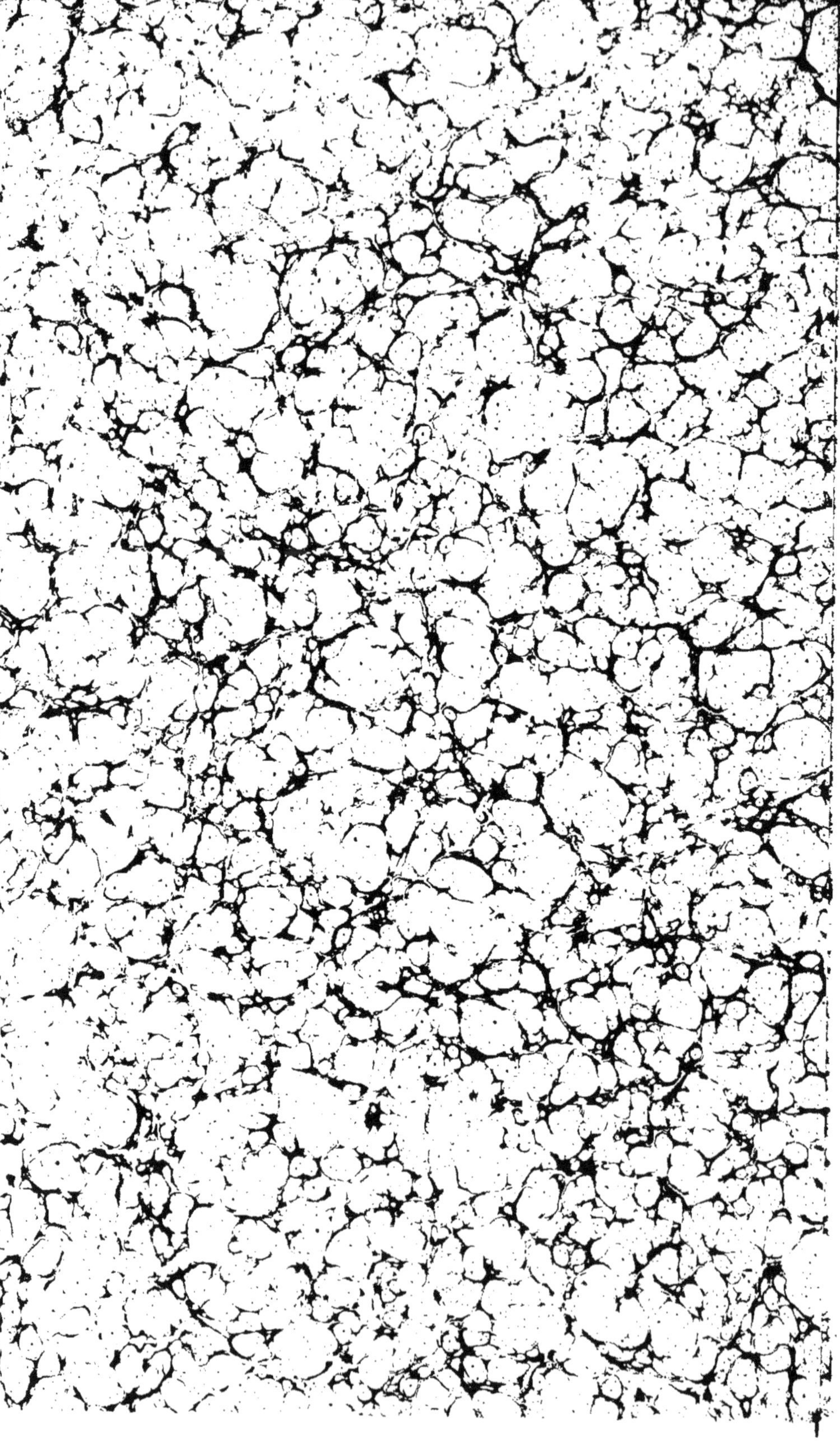

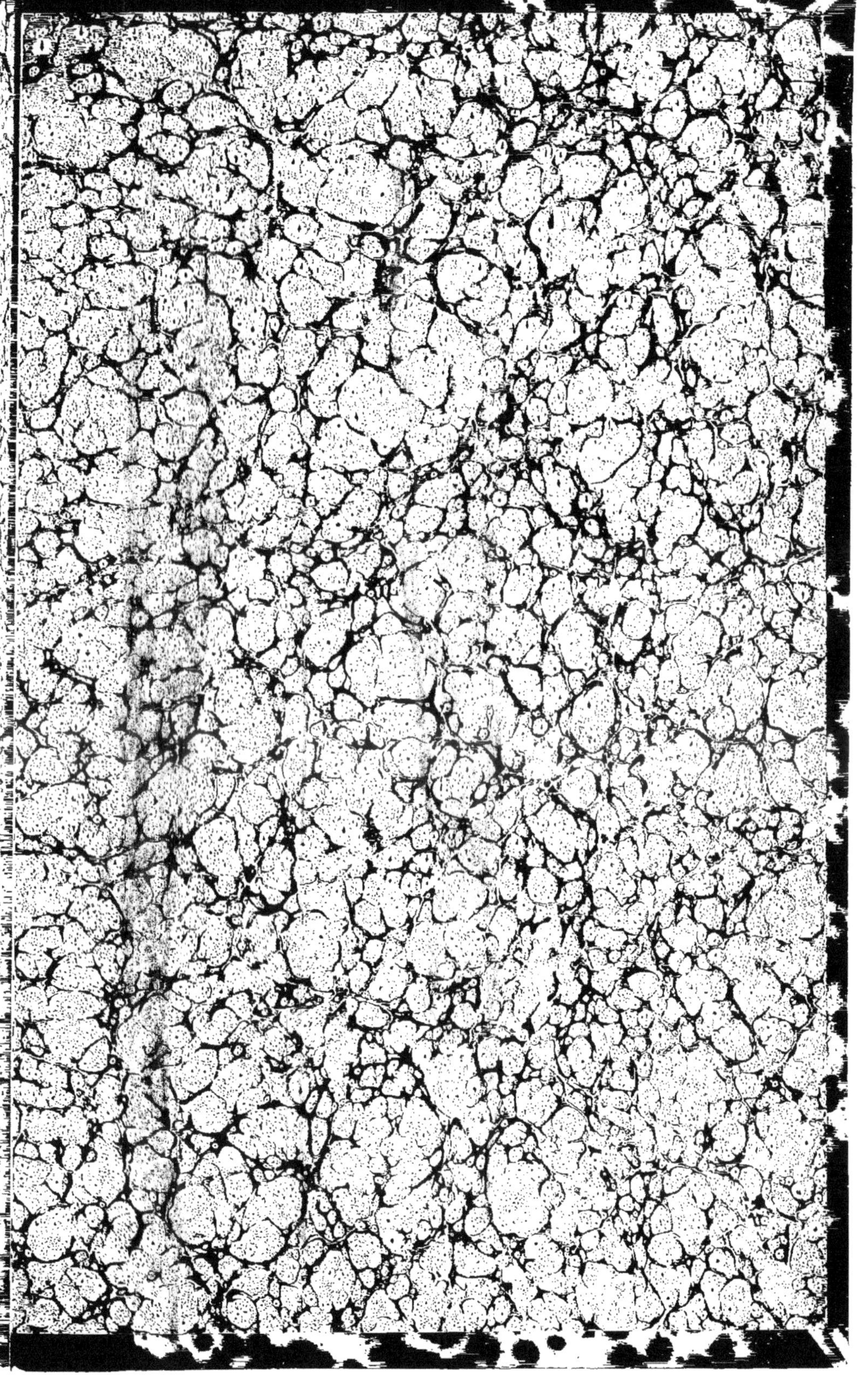

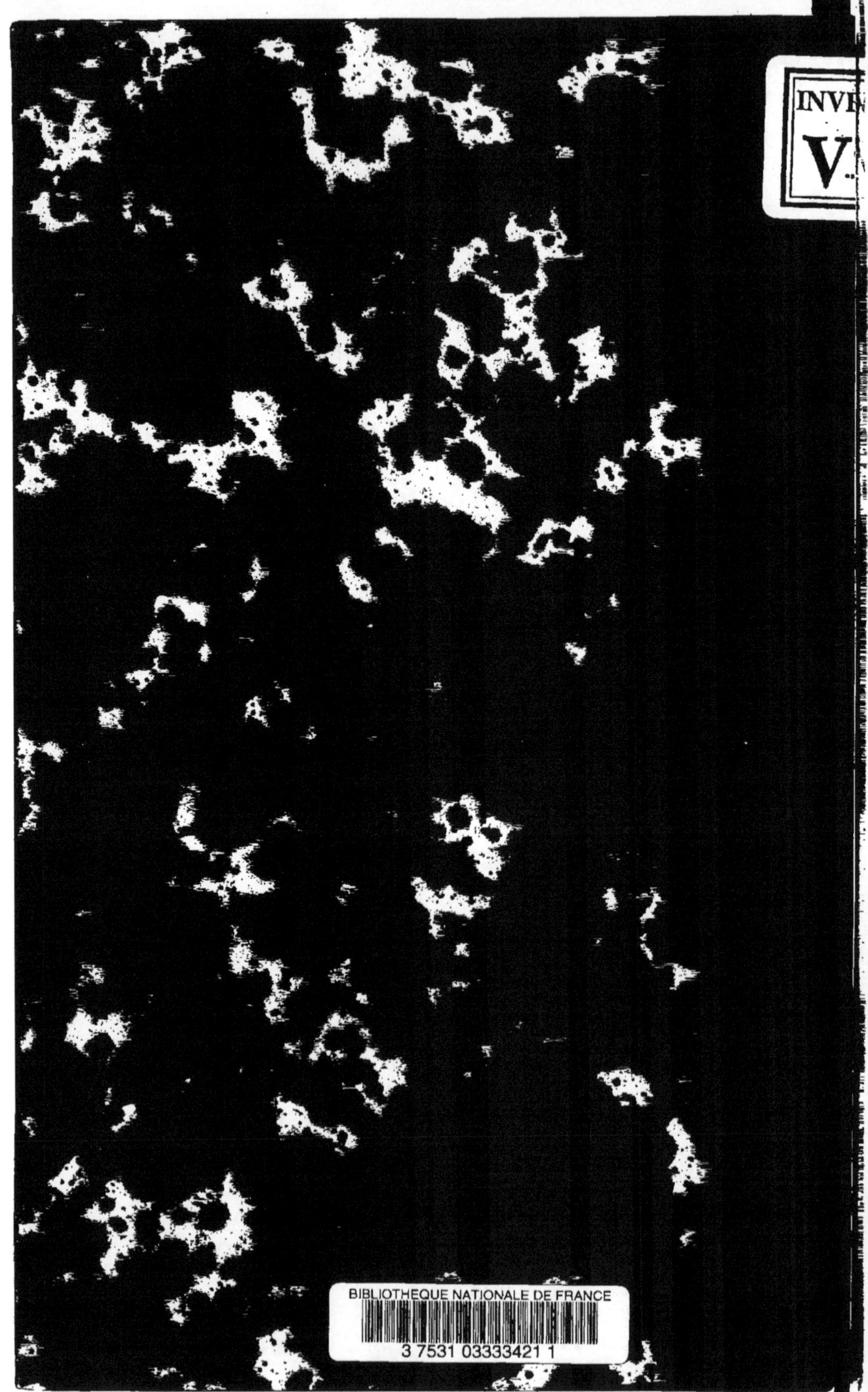